养殖致富攻略·一线专家答疑丛书

泥鳅高效养殖新技术有问必答

王太新　王太松　著

中国农业出版社

图书在版编目（CIP）数据

泥鳅高效养殖新技术有问必答/王太新，王太松著
.—北京：中国农业出版社，2017.3（2020.12重印）
（养殖致富攻略·一线专家答疑丛书）
ISBN 978-7-109-22549-7

Ⅰ.①泥…　Ⅱ.①王…②王…　Ⅲ.①泥鳅－淡水养
殖－问题解答　Ⅳ.①S966.4-44

中国版本图书馆 CIP 数据核字（2017）第 003186 号

中国农业出版社出版
（北京市朝阳区麦子店街 18 号楼）
（邮政编码 100125）
责任编辑　张艳晶　郑　珂

中农印务有限公司印刷　新华书店北京发行所发行
2017 年 3 月第 1 版　2020 年 12 月北京第 3 次印刷

开本：880mm×1230mm 1/32　印张：4.75　插页：4
字数：126 千字
定价：25.00 元
（凡本版图书出现印刷、装订错误，请向出版社发行部调换）

作者简介

王太新，男，生于1969年，水产工程师。1997年创办大众养殖公司，从事特种水产养殖及技术推广工作20余年。其事迹和技术先后被中央电视台和《农民日报》等新闻媒体多次报道。其开办的黄鳝、泥鳅等养殖技术培训班培训全国各地上万名学员，编写的黄鳝、泥鳅养殖实用技术图书累计发行十万册以上，带动一大批黄鳝、泥鳅养殖户通过科学养殖发家致富。于2012年被资阳市政府部门聘为"资阳市科技特派员"，2014年被资阳市委评为"资阳市首届领军人才"。

王太松，男，生于1969年，四川省乐至县人，水产养殖技师，从事特种水产养殖工作20年。2007年开始担任简阳市大众养殖有限公司泥鳅养殖基地技术总监。多年来始终坚持在养殖生产第一线，在泥鳅繁殖、鳅苗培育、泥鳅高产节水养殖、泥鳅养殖新模式探索等方面积累了丰富的实践经验，在泥鳅养殖培训过程中积累了大量生产案例。

本书有关用药的声明

随着兽医科学研究的发展、临床经验的积累及知识的不断更新，治疗方法及用药也必须或有必要做相应的调整。建议读者在使用每一种药物之前，参阅厂家提供的产品说明书以确认推荐的药物用量、用药方法、所需用药的时间及禁忌等，并遵守用药安全注意事项。执业兽医有责任根据经验和对患病动物的了解决定用药量及选择最佳治疗方案。出版社和作者对动物治疗中所发生的损失或损害，不承担任何责任。

中国农业出版社

泥鳅肉质细嫩，味道鲜美，具有丰富的营养价值和重要的药用价值，享有"水中人参"的美誉。泥鳅是我国传统美食，也是出口创汇的水产品之一，尤其是在韩国、日本、马来西亚及我国香港和台湾地区，深受消费者青睐。

近几年，泥鳅养殖在我国得到迅速发展，已成为最热门的水产养殖品种之一，在江苏、广东、浙江、四川、重庆等省（直辖市），已形成众多的规模化的泥鳅养殖基地，养殖产量逐年增加。泥鳅养殖方式多种多样，既可以池塘精养，也可以稻田套养、莲藕塘套养。泥鳅养殖具有设施要求不高、管理粗放、经济效益显著等优点，泥鳅养殖已经成为多数地区养殖者重点选择的养殖项目。

但是，由于泥鳅规模养殖的发展时间仅仅十多年，泥鳅苗的繁育成本还较高、养殖成活率还较低；泥鳅疾病的防控措施还不够完善；泥鳅品种退化明显，导致生长速度变慢、抗病力变差；泥鳅的饲料成本偏高，导致养殖效益降低，等等。

作为长期从事泥鳅养殖和繁育的一线养殖者，我们有幸在此将自己的一些实践经验和学习所得与大家分享。希望我们的这些点滴经验能给大家的养殖带来一些实际的帮助。

本书编写过程中，得到公司所有技术人员的支持，还特意提供了部分养殖户在生产中遇到的问题及解决办法，在此表示感谢。

由于编者水平所限，书中难免存在疏漏或不足之处，敬请大家批评指正。

编　者

2017 年 1 月

目 录

第一章　泥鳅养殖及市场前景

泥鳅具有丰富的营养价值和重要的药用价值，经过近 20 年的养殖发展，泥鳅已成为我国名优水产养殖中较热门的经济鱼类之一。

第一节　泥鳅的价值

1. 泥鳅的营养价值如何？

泥鳅的肉质细嫩、味道鲜美，具有较高的营养价值，是高蛋白、低脂肪的经济鱼类之一。据分析，泥鳅的可食部分占 80% 左右，每 100 克泥鳅肉含蛋白质 22.6 克、脂肪 2.31 克、碳水化合物 2.5 克、灰分 1.1 克，还含有丰富的钙、磷、铁等元素及牛磺酸、核黄酸、烟酸、维生素 A、维生素 B_1、维生素 C 等多种维生素和微量元素。其中，维生素 B_1 的含量比鲫、虾类高 3～4 倍，维生素 A、维生素 C 含量均优于"四大家鱼"和鲤、鲫等鱼类。烤泥鳅、烩泥鳅和泥鳅钻豆腐等名菜，都是风味独特的佳肴。图 1 为红烧泥鳅。

图 1　红烧泥鳅

2. 泥鳅的药用价值如何？

泥鳅是滋补佳品，素有"水中人参"之美称，是儿童、孕妇、哺乳期妇女以及营养不良、病后体虚、脑神经衰弱和手术后恢复期病人的良好补品，具有特殊的药用功能。

泥鳅性平、味甘，李时珍在《本草纲目》中称泥鳅有"暖中益气"的功效。据有关中药书籍记载，用泥鳅治病的秘方、偏方和民间验方多达十几种。概括而言，泥鳅肉对治疗多种炎症、小儿营养不良、小儿盗汗、老年性糖尿病、癫痫、痔疮、皮肤瘙痒、手指疔、腹水、阳痿和乳痛等都有一定疗效。身体虚弱、脾胃虚寒、营养不良、体虚盗汗、急性黄疸型肝炎、阳痿、痔疮、皮肤疥癣等病症患者适宜食用。此外，泥鳅维生素 B_1 含量丰富，风味独特，肉质细嫩松软，易消化吸收，是肿瘤病人理想的抗癌食品；其所含脂肪成分较低，胆固醇更少，且含一种不饱和脂肪酸，有益于老年人及心血管病人；同时，泥鳅能够醒酒，并能减轻酒精对肝脏的损害，因此，常喝酒的人应多吃泥鳅。图2为泥鳅加工食品。

图2　泥鳅加工食品

3. 泥鳅的经济价值如何？

泥鳅为高蛋白、低脂肪的滋补佳品，符合现代营养学要求，味道鲜美、肉质细嫩、清淡，营养丰富，具有较高的食用价值。泥鳅的适应能力较强，各种淡水水域均能养殖，养殖效益高。随着野生泥鳅产量的大幅减少和国内外市场需求的逐年增加，尤其是日本、韩国需求量较大，养殖泥鳅已成为创收致富的良好途径，具有较高的商业价值。

第二节　泥鳅养殖的过去和现状

4. 泥鳅养殖经历了怎样的发展历程?

泥鳅规模化养殖始于 20 世纪 90 年代后期,江苏连云港率先开展池塘围网养殖,在春季泥鳅价格较低时收购野生泥鳅苗种,投放池塘养殖到秋冬季节泥鳅市场价高时,起捕上市销售。由于泥鳅季节差价和泥鳅的增长,可获得较为可观的效益。随着养殖规模逐步扩大,野生泥鳅资源逐渐减少,外加养殖户大量购入苗种的恶性竞争,养殖苗种的成本越来越高,导致野生泥鳅苗种质量下降,泥鳅季节差价越来越小,随之而来的是养殖效益逐步下降,甚至出现亏损状态。在我国有关水产科研单位和众多养殖企业的共同努力下,泥鳅人工繁殖获得成功,并逐步运用于养殖生产,不仅降低了养殖苗种成本,并为选育泥鳅品种奠定了基础,为泥鳅养殖带来新的生机。2013 年,随着我国大陆引入台湾省的泥鳅品种,由于其具有生长速度快、养殖周期短、产量高等特点,在全国迅速得到发展,养殖产量也从以前的每亩* 500 多千克,提高到每亩 1 000～1 500 千克的产量,全国养殖规模逐步增加(彩图 1)。据《中国渔业统计年鉴 2015》数据显示,2014 年全国泥鳅养殖总产量达 34 万吨,创历史新高。

5. 目前的泥鳅养殖主要采用什么技术方式?

目前泥鳅养殖,从规模养殖方面,其采用的主要技术方式如下:

(1) 以池塘养殖为主　池塘养殖具有设施投入少,管理比较方便,养殖产量高等优势,是目前泥鳅养殖行业采用的主要养殖方式。其他也有少部分采用稻田套养、莲藕塘套养等养殖方式。

---

* 亩为非法定计量单位,1 亩=1/15 公顷,下同。

（2）购买人工繁殖的泥鳅苗养殖　由于野生泥鳅苗的质量较差，生长速度较慢，养殖场培育的泥鳅苗的品种和质量更容易得到保障。因此，养殖户一般直接从养殖场购买泥鳅苗开展养殖，多数养殖户起步养殖均采用购买的人工培育的寸苗养殖，部分有鱼苗培育经验的养殖户则购买泥鳅水花苗开展养殖（彩图2）。

（3）开展自繁自养　养殖规模较大的养殖户，特别是起步较早的专业养殖企业，由于有自身的技术团队和系统的繁育技术，实行泥鳅自繁自养。在泥鳅品种优化、泥鳅苗繁殖、泥鳅苗培育以及泥鳅养殖等方面走在行业的前列。

6.　泥鳅养殖的效益如何？

目前，养殖户主要养殖台湾泥鳅，全国台湾泥鳅的市场份额占绝大多数。以成都市新都区养殖户许祥为例，其2015年养殖台湾泥鳅的情况和效益如下。

租用农户12亩稻田，由于家里种植食用菌，一直忙于生产和销售耽误了些时间，2015年5月初才租用挖机修整田埂，将田埂加高至1.5米，田埂坡加固铲平，池塘底推平整，改建成5口养殖池塘（彩图3）。池塘周围埋设防逃网，田埂上打木桩并拉上铁丝，盖上天网防鸟害。6月中旬开始清塘消毒并逐步培水，6月底在四川简阳市大众养殖有限责任公司泥鳅养殖基地购买泥鳅苗75万尾，每亩池塘投放约6万尾。养殖中采用通威饲料投喂，通过3个月左右的养殖，泥鳅规格达到44条/千克的规格，于10月2日开始起捕销售，销往酒店、酒楼和水产批发市场，泥鳅于10月9日全部销售完毕，共销售泥鳅14 310千克，平均销售价格为22.4元/千克，养殖全程共投喂饲料17.2吨。

养殖投入：①土地租金9 600元；②池塘改造、防逃防鸟害设施3 456元/年（总投入17 280元，以使用5年来计算每年设施成本）；③泥鳅苗、药品50 800元；④饲料115 240元；⑤水电、人工（自己照看，另请人临时帮忙）7 000元，共计投入186 096元。

养殖产出：泥鳅销售收入320 544元。

养殖利润：320 544 元－186 096 元＝134 448 元，平均亩利润为 11 000 元。

以上是许祥养殖泥鳅的效益情况，由于 2015 年是有史以来市场最低迷的时候，泥鳅销售价格较低，随着泥鳅出口正常，市场逐步回暖，其养殖效益还会提高。投放泥鳅寸苗养殖，在全国大多数地区，如果开年早做准备，一年可以养殖两批，池塘的利用率高了，养殖效益更加可观。

7. 现阶段影响泥鳅养殖业发展的瓶颈是什么？

据《中国渔业统计年鉴 2015》数据：2014 年，全国泥鳅养殖总产量为 34.3 万吨。其中，江西 7.63 万吨、江苏 7.15 万吨、湖北 4.08 万吨、安徽 3.49 万吨、四川 2.46 万吨、辽宁 1.49 万吨、广东 1.47 万吨、湖南 1.42 万吨、河南 1 万吨、重庆 0.89 万吨。虽然泥鳅养殖已经发展成为一个非常庞大的产业，但是仍然存在制约发展的问题和亟须突破的瓶颈。主要表现在以下几个方面。

（1）人工培育优质泥鳅苗短缺 目前供应的泥鳅苗，主要为人工繁殖的水花苗，因培育成活率不高，导致泥鳅寸苗的供应量不足，养殖户引进泥鳅寸苗养殖成本增加，对市场风险的抵抗能力下降。虽然引进泥鳅水花苗成本较低，但对设施条件、培育技术、管理人员要求较高，养殖风险相对较大。

（2）水资源短缺，制约产量 全国许多地区水资源并不丰富，而养殖户盲目追求高产量，导致养殖后期水质污染，反而影响泥鳅产量，同时排出的污水严重影响周围环境。养殖高产量、养殖环境污染与水资源短缺的矛盾越来越突出。

（3）不重视病虫害预防 养殖户普遍认为泥鳅生存能力强，日常不注重病虫害预防，虽然泥鳅不易出现大规模死亡，但养殖中泥鳅出现慢慢"偷死"现象，或等到泥鳅出现较多死亡时才想到治疗，甚至胡乱用药，导致泥鳅产量降低，影响养殖效益。规模化的养殖需要规范化的防治措施，也只有建立起切实有效的防治方案，泥鳅养殖才可能获得健康稳定的发展。

第三节　泥鳅养殖的发展前景

8. 泥鳅养殖的市场前景如何？

近年来，泥鳅在国内外市场处于供不应求的状态，具有很大发展前景。内销市场以四川、重庆、广东等地的消费量最大，价格也最高；出口市场主要销往我国香港、澳门以及韩国、日本，仅江苏省连云港市每年就出口泥鳅逾万吨。

内销市场对泥鳅的品种没有要求，几乎我国出产的所有野生泥鳅品种在市场上都有销售，各品种的销售价格基本没有差异。在出口外销市场中，比较受外商喜爱且价格相对较高的是"黄板鳅"（大鳞副泥鳅）；浙江消费者特别青睐青鳅；近年来，台湾泥鳅的销售市场逐步扩大，所以，养殖者在养殖时应根据市场的需求选择适宜的泥鳅品种来开展养殖。

过去我国主要依靠捕捉天然水田的野生泥鳅供应国内外市场。近年来，由于环境污染的加剧，泥鳅的天然栖息条件及天然饵料资源遭到较严重的破坏，导致泥鳅天然资源锐减，逐渐不能满足国内外市场的需求。因此，为了使泥鳅的养殖业得以迅速发展，我国的江苏、浙江、湖北、湖南、四川、广东、上海、台湾等省份，在捕捉野生泥鳅暂养出口的基础上，开展了泥鳅人工繁殖和养殖方法以及饲养技术的研究和推广，积累了丰富的经验。

由于泥鳅的生命力和环境适应性强，其食物粗杂易得，养殖占地面积少，用水量不大，易于饲养，便于运输，而且成本低、收益大、见效快，每公顷水面产量一般可达 15 吨以上，加上泥鳅市场需求看好，并可出口创汇。因此，养殖泥鳅已成为广大农民致富的门路之一。

9. 泥鳅养殖的发展趋势是什么？

由于泥鳅的养殖现状和养殖中存在的问题，以及泥鳅市场销售主要依赖鲜活宰杀，提高了终端销售成本，也变相推高了市场零售价格。泥鳅养殖要处理好以上几个问题，该行业未来的发展趋势体现在3个方面。

（1）苗种繁育专业化 虽然目前泥鳅苗种繁育还存在一些问题，但近年来，泥鳅苗种的繁育逐渐引起了科研单位的高度重视，通过政府主导、科研单位积极参与攻关的模式，吸引了大批养殖企业加入，推动了泥鳅苗种繁育技术进行市场化运用。率先由有资金和技术实力的企业专业从事泥鳅苗种繁育，使泥鳅品种、泥鳅苗质量、泥鳅苗数量得到较大提高，并且降低了泥鳅苗种的成本，以满足广大养殖户的生产需要。一旦形成泥鳅育种和繁殖专业化，养殖户只需做好商品养殖生产环节即可。彩图4为泥鳅苗工厂化繁育车间。

（2）养殖生产集约化、标准化 集约化、标准化是保证产品质量稳定、实现大批量生产的主要途径。同时，由于开展较具规模的集约化生产，加上标准化的应用，有利于成本的控制，从而形成比较强大的市场竞争力。这种模式显然要比传统的池塘养殖模式前进一大步。其技术的先进性和生产效果具体体现在养殖条件的可控性增强、管理方便、劳动强度降低、养殖密度加大、单位水体产量大幅度提高等方面，所以会成为未来泥鳅养殖发展的主要模式之一。我国许多饲料企业和科研单位探索开展的集约化、标准化养鱼为集约化、标准化泥鳅养殖积累了大量的成功经验。随着大批量苗种繁育技术的成熟，泥鳅养殖集约化、标准化将体现出稳定高产、人工成本更低、养殖成本更低、产品质量安全、抗市场风险能力强等优势，泥鳅养殖将迎来快速发展的大好时机。

（3）泥鳅产品加工后上市将逐步成为主流 目前，我国的泥鳅销售均以鲜活为主，随着鱼类速冻保鲜技术的发展及冷链运输服务设施的完善，泥鳅的上市销售方式也必将受到影响。通过工厂化宰杀速冻加工处理之后，可以显著减少运输及销售成本，同时产品品质更有保障。通过加工，更加有利于产品的长途运销以及出口贸易，深加工产品可以满足更多消费者的需求，也拓展了泥鳅产品的销售渠道。

第二章　泥鳅的生物学特性

第一节　泥鳅的品种

10. 泥鳅的品种有哪些？

泥鳅的种类较多，全世界有 10 余种，它们的生活习性和生长速度相近，却又各不相同。通常养殖的泥鳅种类有真泥鳅、大鳞副泥鳅、中华花鳅、花斑副沙鳅、大斑花鳅、北方条鳅和近几年引进的台湾泥鳅等。

在养殖的鳅科鱼类中，常见的是真泥鳅和大鳞副泥鳅，尽管大自然水域中两者的生长特性基本一致，但在人工养殖的条件下，大鳞副泥鳅的生长速度较真泥鳅快，成活率及抗病力也更强，而台湾泥鳅的生长速度更快，成年个体也更大。

11. 台湾泥鳅有何特点？

台湾泥鳅是从我国台湾省引进的泥鳅新品种，其身体近圆筒形，头较短；口下位，马蹄形；下唇中央有一小缺口；鼻孔靠近眼；眼下无刺；鳃孔小；头部无鳞，体鳞较一般泥鳅大；侧线完全；须 5 对；眼被皮膜覆盖；尾柄处皮褶棱发达，与尾鳍相连；尾柄长与高基本相等；尾鳍圆形；肛门近臀鳍起点；体背部及体侧上半部灰褐色，腹面白色；体侧具有许多不规则的黑色及褐色斑点；背鳍、尾鳍具黑色小点，其他各鳍灰白色。

台湾泥鳅最大的特点是生长速度快、体型大、抗病能力强，主要生活在池塘水体中上层，更易于日常投喂和管理观察，彩图 5 为台湾泥鳅采食情景。台湾泥鳅水花苗养殖 3～4 个月即可达到上市销售规格，养殖达 20 尾/千克的规格，只需 4 个月左右，台湾泥鳅最大个体可达 400～500 克，台湾泥鳅与野生泥鳅的对比见彩图 6。2013 年，台湾泥鳅的养殖在广东得到迅速发展，2014 年开始逐步推广到全国各地，也是全国养殖面积最大的泥鳅品种。

12. 真泥鳅有何特点？

真泥鳅是我国分布最广、最为常见的泥鳅品种。因其身体背部呈青色，也有一些地方称其为"青鳅"（彩图 7）。其身体呈圆筒状，外观比较肥满，故也有人称之为"肉泥鳅"。在品种分类中，真泥鳅通常被简称为"泥鳅"。真泥鳅的成熟个体一般体长 8～15 厘米；当年繁殖的真泥鳅小苗到年底一般体长可达 8 厘米左右，体重 6～7 克；生长较快的个体，其体重也可以达到 10 克以上。据有关资料记载，真泥鳅的最大个体体长可达 30 厘米，体重达到 150 克左右。由于各地环境的不同，真泥鳅的个体差异也比较大，目前在长江中下游地区也发现有个体超过 100 克的野生真泥鳅。

真泥鳅在我国分布很广，除青藏高原外，北至辽河、南至澜沧江的我国东部地区的河川、湖泊、沟渠、稻田、池塘和水库等各种淡水水域均有自然分布，尤其是长江流域和珠江流域中下游分布最广，产量最大。在国外，泥鳅主要分布于东南亚一带，如日本、朝鲜、韩国和越南等国家。

真泥鳅体小而细长，前部略呈圆筒形，后部侧扁，腹部圆；头较尖，近锥形，吻部向前突出，倾斜角度大，吻长小于眼后头长；口小，下位，马蹄形，口裂深弧形；唇软，有细皱纹和小突起，上、下唇在口角处相连，唇后沟中断；上唇有 2～3 行乳头状凸起，下唇面也有乳头状凸起，但不成行；上颌正常，下颌匙状；口须（触须）5 对，其中，2 对吻须、1 对口角须、2 对颌须；口角须长短不一，最长者可伸至或略超过眼后缘，短者仅达前鳃盖骨。泥鳅口须和唇上味蕾丰富，感觉灵敏，可很好地协助泥鳅觅食。头部有 1 对眼，眼前方有 1 对鼻孔。眼小，侧上位，并覆有雾状皮膜，因而视力弱，只能看见前上方的物体。头侧有 1 对鳃孔，内有鳃，鳃孔小，鳃裂至胸鳍基

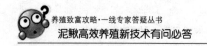

部，鳃完全但鳃耙不发达，呈细粒状。泥鳅的耳在外表上是看不到的。

真泥鳅的鳃孔至肛门是躯干部，有细小的圆鳞埋于皮下，黏液较多，因而体滑。侧线完全但不明显，侧线鳞在141～150片。躯干部长有胸鳍、背鳍和腹鳍，胸鳍不大且雌雄异形，位于鳃孔后下方；背鳍末根不分枝鳍条软，背鳍起点距吻端较距尾鳍远，背吻距为背尾距的1.3～1.5倍。腹鳍不大，位于体中后部，与背鳍相对，但起点稍后于背鳍起点，臀鳍末根不分枝鳍条软，末端到达尾鳍退化鳍条。尾鳍后缘圆弧形，在尾柄上下有尾鳍退化鳍条延伸向前的鳍褶，上方的鳍褶达到臀鳍上方，下方的鳍褶约达到臀鳍末端处。肛门约在腹鳍末端与臀鳍起点之间的中点。各鳍鳍式为：背鳍3，6～8；臀鳍3，5～6；胸鳍1，9～10；腹鳍1，5～6。

真泥鳅的鳃耙外行退化，内行短小。鳔前室哑铃形，包于骨质鳔囊中，后室退化。骨质鳔囊由第四椎体横突、肋骨和悬器构成，第二椎体的背支和腹支紧贴于骨囊的前缘，不参与骨质鳔囊的形成。无明显的胃，肠管直，无弯曲，自咽喉后方直通至肛门。腹膜灰白色。

真泥鳅的体浅黄或灰白色，背、侧部青灰色，散布有不规则的褐色斑点，背鳍、尾鳍和臀鳍多褐色斑点，尾鳍基部偏上方有一显著的深褐色斑。因栖息环境不同，体色变异较大。真泥鳅体长为体高的6.1～7.9倍，为头长的5.4～6.7倍。头长为吻长的2.4～3.1倍，为眼径的4.6～7.0倍，为眼间距的4.4～5.5倍。尾柄长为尾柄高的1.2～1.4倍。

13. 大鳞副泥鳅有何特点？

大鳞副泥鳅体形酷似泥鳅，但体形较侧扁，与常见的"四大家鱼"体形更加相似，故一些地区将其称为"板鳅"（彩图8）。大鳞副泥鳅是长江流域野生的泥鳅品种。据有关资料记载，大鳞副泥鳅的最大个体可以达到体长近40厘米、体重250克左右。在野生条件下，由于品种间的自然杂交，目前长江中的大鳞副泥鳅品种已经不纯，个体不大、生长缓慢。四川简阳市大众养殖有限责任公司在有关水产科研单位的帮助下，对采自长江中下游的大鳞副泥鳅品种进行了提纯培育，已经取得的最大个体达到 150 克以上，当年繁殖的泥鳅苗养殖可达 20 克以上。

大鳞副泥鳅体态较长，前部近圆筒形，后部侧扁，腹部圆。头小，近圆锥形；吻长，稍尖，吻褶不发达，游离；口小、亚下位，马蹄形；唇发达，下唇分 2 叶，游离；眼小，侧上位，被皮膜覆盖，眼缘不游离；眼间隔宽，稍隆起，无眼下刺；前后鼻孔紧邻，位于眼前方，前鼻孔短管状，后鼻孔圆形；口须 5 对，吻须 2 对，口角须 1 对，细长，后伸超过前鳃盖骨后缘；颌须 2 对，较短小。鳃孔小，侧位。鳃盖膜与颊部相连。

大鳞副泥鳅的体表附着圆鳞，鳞片较真泥鳅体鳞大，埋于皮下；头部无鳞。侧线不完全，止于胸鳍的上方。侧线鳞 108～113 片。背鳍小，无硬刺，其起点距吻端大于距尾鳍基部，胸鳍距腹鳍甚远，腹鳍短小，起点在背鳍第二至第三分枝鳍条的下方；尾鳍圆形；肛门较近臀鳍起点；位于腹鳍基部至臀鳍起点之间的 3/4 处；尾柄上下方具发达的皮褶，皮褶与背鳍、尾鳍和臀鳍相连。各鳍鳍式为：背鳍 3，6～7；臀鳍 3，5～6；胸鳍 1，10～11；腹鳍 1，5～6。

大鳞副泥鳅的鳃耙外行退化，内行短小。鳔的前室哑铃形，包于骨质鳔囊中，后室退化。骨质鳔囊参与构成的骨骼与泥鳅相同。食道后方为 U 形的胃，肠自胃的一端，直通肛门，体长约为肠长的 2 倍，腹膜灰白色。

大鳞副泥鳅的背部及体侧上半部呈灰黑色，体侧下半部及腹面呈灰白色，体侧密布暗色小点，并排列成线纹。背鳍、尾鳍具暗色小点，其余各鳍为灰白色。

大鳞副泥鳅体长为体高的 4.9～5.1 倍，为头长的 5.1～5.7 倍，为尾柄长的 6.1～6.7 倍，为尾柄高的 5.1～5.7 倍，头长为吻长的 2.3～3.8 倍，尾柄长为尾柄高的 0.8 倍。

第二节　泥鳅的形态特征

14. 泥鳅内外部有何特征？

　　泥鳅的消化系统由口、咽、食道、肠、肛门组成的消化道和由肝胰脏、胆囊等组成的消化腺两大部分构成。口唇具有很强的吸食功能，咽部有一列向内侧弯曲成钩状的咽喉齿，食道宽扁，肠管短而粗，后肠壁毛细血管丰富；泥鳅的骨骼系统由中轴骨和附肢骨组成。中轴骨包括脑颅、咽颅、脊椎和肋骨，附肢骨包括支鳍骨、基鳍骨和带状骨等。成熟雄鱼的胸鳍第二角质鳍条长于第三角质鳍条，并在胸鳍的背侧基部有薄的骨质极，而雌鱼胸鳍的第二、第三鳍条约等长，也无骨质板。泥鳅的主要呼吸器官是鳃，但它的肠管和皮肤也有呼吸作用。泥鳅肠能进行呼吸，这在鱼类中是绝无仅有的，泥鳅的鳔已相当退化，前部被包裹在由脊椎骨变形形成的骨质囊内，后部也相当细小。泥鳅的视觉器官也不发达，眼小，触须成了觅食的主要探索器。泥鳅是雌雄异体，雌鱼有两条长袋状的卵巢，随着性腺的发育会逐渐愈合成一个卵巢，而雄鱼则有 1 对对称的扁带状精巢，它们都通过生殖孔开口于体外。

　　由于泥鳅世世代代生活在水底或泥中。视觉作用不大，眼睛亦随之退化变小，鳔也退化萎缩，但口周围的 5 对触须却粗壮发达，须的尖端有能感觉饵料生物发出的极其微弱气味的味蕾，可以弥补视弱的缺陷，成了它的灵敏的觅食"探索器"。泥鳅不仅具有鱼类共同的呼吸器官鳃，而且还能利用皮肤和肠管从空气中直接吸收氧气。我们常常可在天气非常闷热的时候看到水塘里的泥鳅会此起彼伏地蹿上水面吞吸空气，经肠呼吸后的废气由肛门排出，发出轻微的"啪、啪"声，有经验的人会说"天要变了，可能要下雨"，欧洲人也因此把泥鳅叫作"气候鱼"。泥鳅在冬眠、夏眠或因水域干涸钻入稀泥避难时，主要靠皮肤和肠管呼吸维持生命。泥鳅周身滑溜溜的黏液，不仅有保护作用，还有减少游动时的摩擦阻力、澄清近体泥水中的悬浮质、改善其呼吸环境的多重作用。泥鳅有逆水上蹿潜逃的习性，特别是在夏季暴雨涨水时，它们往往成群结队地逆水上溯，夜晚更是大量逃散的时机。所以养鳅水域的防逃设施一定要结实、牢靠，平时还应经常检查，发现破损应立即处理。

15. 泥鳅耐低氧吗？

泥鳅的耐低氧能力比一般鱼类强，主要是因为泥鳅除用鳃呼吸外，其肠和皮肤也有呼吸作用，泥鳅的肠壁薄，肠道直，血管丰富，具有辅助呼吸和进行气体交换的功能。当水体发生缺氧时，泥鳅便游到水面吞入空气并在肠道内进行气体交换，废气则由肛门排出。若遇水干涸，泥鳅会钻入淤泥，只要淤泥保持湿润，泥鳅利用肠道和皮肤能够呼吸，可较长时间维持生命。

第三节　泥鳅的生活习性

16. 泥鳅的地理分布情况如何？

泥鳅〔*Misgurnus anguillicaudatus*（Cantor）〕属于鲤形目（Cypriniformes）、鳅科（Cobitidae）、花鳅亚科（Cobitinae）、泥鳅属（*Misgurnus*）。该属除全国广泛分布的真泥鳅品种外，还有仅分布于黑龙江流域的黑龙江泥鳅〔*M. mohoity*（Dybowski）〕和分布于内蒙古、黑龙江和辽河上游地区的北方泥鳅〔*M. bipartitus*（Sauvage et Dabry）〕两个种。目前以真泥鳅的养殖最为普遍。可作为人工养殖对象的还有副泥鳅属（*Pramisgurnus*）的大鳞副泥鳅（*P. dabryanus* Sauvage），该种仅分布在长江中下游的湖区及浙江、福建和台湾等省份。

泥鳅分布极广，尤以我国（青藏高原除外）及日本、菲律宾等从东亚到南亚地区的淡水水域为多，欧洲也有分布。中国、日本、韩国是泥鳅的主要生产国与消费国。近年来，由于环境污染日趋严重，国内外客商都非常看好我国中西部地区生产的商品泥鳅。

17. 泥鳅对温度有何要求?

泥鳅是生活于淡水水域的底栖性鱼类,湖泊、河川、沟渠、水田、池塘、沼泽和水库等浅水处都能觅其踪影,尤其喜欢栖居于多水草、多腐殖质的静水或微流水水域。泥鳅对环境的适应能力特别强,一些普通鱼类不能生存的水域,它们能自由自在地生活、生长。泥鳅还特别能耐低氧,当水中溶氧量只有 0.16 毫克/升时,其他鱼类几乎都会死光,泥鳅仍能存活。泥鳅离水后,只要保持皮肤湿润,也能长时间不死,这对商品鳅的长距离运输非常有利。泥鳅的生存水温是 1~38℃;摄食生长温度是 10~33℃,最适水温范围是 22~28℃;繁殖水温为 18~30℃,最适水温范围是 22~25℃。当冬季来临、水温降到 10℃以下时,摄食活动明显减少。水温降到 6℃时,即钻入泥中开始越冬冬眠,一直要到第二年春暖花开水温回升到 10℃左右时才会苏醒并从泥中钻出来,开始游动觅食。当栖居水域干涸时,它们也会钻入稀泥中避难。盛夏,当表层水的温度超过 34℃时,它们会潜入底泥中躲避炎热,仅把头部露出泥面,不食不动,呈夏眠状态。

18. 养泥鳅一定要有泥土吗?

在农村,许多人都在野外捉过泥鳅,基本上是在泥里捉到的,所以大家认为泥鳅生活在泥里,人工养殖泥鳅是离不开泥土的。实际情况是怎样的呢?四川省简阳市大众养殖有限责任公司在 2000年开始摸索泥鳅养殖时,采用的长 4 米、宽 2.5 米、高 0.8 米的小水泥池,水泥池没有泥土,繁殖出的泥鳅苗投到水泥池培育,一直养到泥鳅上市销售,但产量较低,一口 10 米² 水泥池经过 7 个月的养殖,出产商品泥鳅不到 25 千克。初步养殖的结果是产量太低,养殖周期较长。我们怀疑产量这么低是不是因为没有泥土的原因,在进一步的试验中,选择面积为 10 米²、20 米² 和 40 米² 的水泥池,分别采取无土和有土两种方式开展养殖试验,通过两年的对照试验，同样面积的有土和无土水泥池，在同样的养殖周期，泥鳅产量没有明显的区别，但却发现面积越大的水泥池，平均产量越高，而且水位偏深的水泥池，产量还要更高一些。通过试验发现，无土与有土养殖都是可行的，养殖泥鳅并不是一定要有泥土。水泥池养殖的缺点：建池成本高，养殖中水质管理工作量大，养殖过程中泥鳅受伤感染率高，养殖产量较低，不容易产生养殖效益。2003年后，我们逐步开展池塘养殖泥鳅，通过不断的实践总结发现，池塘养殖不仅设施成本低得多，养殖管理更加粗放，泥鳅生长速度更快，而且养殖产量得到大幅度提高。所以笔者建议大家，可以利用水泥池繁殖泥鳅苗，然后投放到池塘养殖。池塘养殖泥鳅，只要保持池塘一定的水深，泥鳅是不会钻到泥里去的，起捕时采用地笼或拉网的方式便于捕捞。

第四节　泥鳅的食性与生长

19. 泥鳅对饵料有何要求？

泥鳅是典型的杂食性鱼类，它的食谱很广，水中的小动物、落入水中的陆生小动物及其尸体、植物及其种子和有机碎屑等都是它们喜欢的食物。据观察，水花鱼苗以轮虫、小型浮游动物（俗称小水蚤）为主食，也吃水生昆虫幼虫，如摇蚊幼虫和水蚯蚓等；体长在5厘米以上时除摄食甲壳动物、水生昆虫、水蚯蚓和小鱼虾等水生动物以及落入水中的小动物外，还爱吃藻类植物和高等植物幼嫩的根、茎、叶和种子等；体长达8厘米时，即以植物性饵料为主食，包括植物碎屑和富含有机质的污泥等。在人工饲养条件下，除通过适当施肥培育天然饵料供小苗摄食外，主要投喂蝇蛆、水陆生蚯蚓、螺蚌肉、野杂鱼肉、畜禽下脚料和蚕蛹等动物性饵料及农副产品加工后的副产物（如麦麸、米糠、黄豆粕、酒糟、豆渣）以及萍类、嫩草和蔬菜叶等植物性饵料，也可直接投喂鱼类配合饲料。当饵料缺乏、泥鳅处于严重饥饿时，同类间存在"大鱼吃小鱼"的互残现象。泥鳅多在傍晚和夜间采食，白天常潜伏于水底泥面。繁殖期间由于性腺发育需要大量的营养，采食量比平时大得多，而且白天中午也常可见其四处游动觅食。人工饲养的泥鳅经驯化可将采食高峰转至白天，即 08：00—10：00 和 16：00—18：00。泥鳅与其他鱼类混养时，常以饵料残屑为食，所以它有"鱼塘清洁工"的美名。

20. 泥鳅的采食消化有何特点？

泥鳅的摄食强度与水温密切相关。水温升高至 10℃时，它们开始少量采食；水温 15℃时，食量逐渐增大；水温上升至 22～28℃时，是泥鳅摄食的高峰期；水温超过 28℃时，食量又开始变小；当水温高达 31℃时，仅少量进食；到 34℃时，便进入夏眠状态，基本不吃不动。泥鳅具有一定贪食性，人工投喂时切忌喂得过饱，否则将影响其肠呼吸功能。泥鳅摄食的情景见彩图 9。

泥鳅消化动物性饵料的速度远比消化植物性饵料快。例如，它消化浮游动物只需 4 小时左右，消化蚯蚓和水生昆虫及其幼虫需 4～5 小时，但消化米糠、麦麸却需 6～8 小时。

21. 泥鳅采食会胀死吗？

泥鳅食道的黏膜层中有大量的黏液细胞和杆状细胞，可以分泌黏性物质将食道润滑，有利于泥鳅吞咽饵料，有利于进食。而泥鳅的肠为直管状且较短，仅比体腔略长，储存食物较少，但肠膨大处有大量的皱褶，当摄入大量饵料时，皱褶变短，消化管变大、变粗，这样在有限的消化管中能尽可能多地储存饵料。只要养殖中每天正常投喂，当泥鳅消化管内充满食物时，泥鳅还是有一定节制的，一般不会再采食。除非是几天没有进食，处于非常饥饿的状态，如果投喂的饵料又突然增加，泥鳅的节制能力就会差一些，会出现吃食过饱的现象，这样容易出现消化不良，或者诱发肠炎。在养殖台湾泥鳅时，发现投料后不久有少量泥鳅翻肚漂浮于水面，时间一长有少量出现死亡现象，许多养殖户认为是泥鳅吃多胀死了。但通过解剖发现，泥鳅肠道内食物并不多，而是肠道内有气体所致，也就是我们通常所说的胀气病，并非因采食而胀死的。所以养殖中投喂要有规律，投喂饵料的量应根据泥鳅的长势逐步增加，而不是忽多忽少，以免诱发疾病。

22. 泥鳅的生长有何特点？

泥鳅的生长速度在小型鱼类中是比较快的。当水温在 24～28℃时，当年泥鳅的日平均增长量可达 0.19 厘米。当然在不同的环境条件下，其生长会有显著的差异。在我国南方诸省份，当年繁殖的泥鳅苗，到年底其个体一般可长到 10 厘米左右，体重达到 10 克左右。引进较好的泥鳅品种繁殖，其繁殖的苗个体会更大。

性成熟以后的泥鳅其生长速度逐渐缓慢，肥满度也会有所下降；但在北方地区，当年苗种上市的商品规格偏小。因此，商品鳅的养殖周期，南方多为 1 年，北方多要养殖到第 2 年。但近几年引进的台湾泥鳅，繁殖的幼苗在水温 20℃ 以上时，只需通过 4 个月左右，即可养殖到 40 尾/千克的上市销售规格。

第五节　泥鳅的繁殖习性

23. 如何识别泥鳅的雌雄？

泥鳅的雌雄主要从其胸鳍形态来识别，一般体长达到 6 厘米以上的泥鳅个体，都可以依据胸鳍来判定其性别。雌鳅的胸鳍一般比雄鳅短、宽，其末端圆钝，展开呈椭圆形，成熟的雌鳅腹部膨大、饱满、有透明感，生殖孔呈紫红色圆形并呈外翻状；雄鳅的胸鳍较长、窄，其末端尖而上翘，当鱼体静止不动时呈镰刀形，成熟的雄鳅生殖孔外凸微红而膨大，用手挤压腹部有白色精液流出。在同批次的青鳅、大鳞副等泥鳅中，雄鳅的个体较小，一般是雌鳅的一半大小。而台湾泥鳅雌雄个体差异不大，甚至雄鳅的个体比雌鳅大一些，识别雌雄一是看其胸鳍，另一个显著特点是雄鳅尾部背两侧分别有一条肉质突起（彩图 10）。

24. 泥鳅的繁殖力怎么样?

泥鳅是雌雄异体、分批产卵、体外受精的鱼类,通常 1～2 龄即达性成熟。长江流域多从 4 月上旬(水温 18℃)开始出产卵繁殖的群体,并将一直延续到 9 月上旬才结束,其中 5～7 月是繁殖盛期。在北方地区产卵时间要略晚些,产卵期也要短些,南方地区则相反。成熟雌鳅一般每年可产卵 2～3 次,亲鱼无护卵习性。

解剖表明,雌鳅体长 5 厘米左右时,腹腔内开始见到 1 对卵巢;体长约 8 厘米时,2 个卵巢愈合在一起,看似成了 1 个卵巢,其体积增大,向腹腔后端延伸,卵发育正常。当部分卵发育到Ⅳ期时,整个卵巢重可占鱼体重的 13.2%。产卵完全后,卵巢仅占鱼体重的 1.6%。雌鳅的怀卵量与鱼体长度成正相关。据实测,体长 8 厘米的个体,怀卵量只有 2 080～4 000 粒;体长 10 厘米的个体,怀卵量为 4 390～6 690 粒;体长 15 厘米的个体,怀卵量可达 12 700～16 300 粒;体长 20 厘米以上的特大个体,怀卵量可超过 22 800 粒,少数甚至可达到 6 万粒。泥鳅的成熟卵粒几乎无色透明或呈透明的浅黄色,直径只有 0.8～1 毫米,具弱黏性,吸水膨胀后可达 1.3～1.5 毫米(彩图 11)。雄鳅大多在体长 6 厘米时达性成熟,其腹腔内有 1 对呈扁带状的精巢,但并不对称。精液乳白色,精子直径约 1.16 微米,体长 10 厘米左右的雄鳅,精巢内约有 6 亿个精子。

25. 泥鳅是如何繁殖幼苗的?

当水温在 18～22℃时,泥鳅大多在降雨后或涨水的晴天清晨产卵,到 10：00 之前结束;水温在 22℃以上时则常在雨后的半夜或傍晚时分产卵。产卵场都选择在清而浅的水草区。发情阶段往往可见数尾雄鱼追逐 1 尾雌鱼,并不断地用嘴去吻拱雌鱼的头胸部,若雌鱼不动了,此时便会有 1 尾雄鱼突然将身体紧紧缠卷住雌鱼,挤压雌体产卵,雄鱼进行排精,2～3 分钟 1 次,连续数次,直到雌鱼排尽成熟卵。由于雄鳅胸鳍基部薄的骨质板对雌鳅的刻画作用,以致产卵后的雌鳅身体两侧都毫无例外地各留下了一道近似圆形的白斑状伤痕。这种伤痕常常可作为雌鳅产卵好坏的标志，伤痕越深，产卵越彻底，同时又是区别亲鳅产卵与否的标记，因为只有已产卵的亲鳅才会有这种白斑伤痕。

　　泥鳅的受精卵通常是附着在水草或其他被水淹没的陆草上发育孵化，水流或波浪的冲击会使黏性本来就不强的受精卵脱离附着物沉入水底，这样孵化率会大大降低，这也是天然水域中泥鳅的资源增长率较低的原因之一。水温18～20℃时，受精卵需60多个小时孵出鱼苗；水温25℃时，只需24小时就可孵出鱼苗。刚出膜的水花苗喜吸附在鱼巢或其他基质上，有外露的鳃条，几天后才会发育成鳅形。

第三章　泥鳅的养殖模式

第一节　池塘养殖

26. 池塘养泥鳅有哪些优势？

池塘养殖可以根据泥鳅不同发育阶段调节水位，在日常投喂、防病管理及泥鳅捕捞方面较为方便，池塘养鳅可以实行高密度养殖，集中管理较省劳动力，属集约化高产养殖模式。我国水稻种植面积较大，鱼塘众多，有较好的泥鳅养殖基础。利用稻田略加改造，将田埂适当加高加固，只要田埂结实不垮塌而且不漏水，不需要做硬化处理，也不需要铺设薄膜，即土池塘就可开展养殖。池塘不仅可以用于泥鳅苗的批量培育，更适合大面积养殖成品泥鳅，池塘养鳅也成为国内主要养殖泥鳅的模式（彩图12）。

27. 养鳅池塘有何要求？

交通对于泥鳅的养殖起着很大的作用。交通方便的地方，进苗、出售都很便利，不受季节天气的影响。电力供应有保障，泥鳅池一般要选在方便搭接电源、电压稳定的地方，这对养殖过程中换水的快慢有着至关重要的作用。当然，如果当地有较为方便的自流水，则可以不考虑这一条件。

水源充足无污染，水质符合渔业用水标准，灌溉方便。高密度养殖泥鳅的用水量较大，泥鳅池一般建造在离水源较近的地方，方便供应鳅池换水。泥鳅对水质的要求不高，但用于养鳅的水源不能受到污染，一般能够养殖其他鱼类的水源都可以选用。如果当地有较丰富的地下水，则可以用井水养殖，效果几乎是一样的。

通风向阳，地势平坦开阔。土质选择中性或微酸性黏土为宜，以确保保水性能良好；若当地土质为沙土，开展泥鳅养殖，则应采用混凝土等进行防渗漏处理。用稻田改造的田块选择应水量充足、排灌方便、雨季不涝、涨水期间不被水淹没的田块。若田埂不够夯实可在埂内侧用混凝土硬化处理，且肥沃疏松腐殖质丰富，呈弱酸性或中性，地势平坦，坡度小；单块稻田面积不宜太大，面积过大给管理上带来不便，投饵不均，起捕难度大，影响泥鳅产量，每块面积以 1～3 亩为宜。

新改造的养殖泥鳅的池塘面积不宜过大，以方便管理。一般一两亩地为宜，应修建为以东西为长、南北为宽的长方形池塘，这样可让池塘水面的有效光照时间更长，利于水体中浮游生物的生长，也方便以后的观察、投饵和捕捞。

28.　池塘需要用水泥硬化吗？

很多人都担心用土池塘养殖泥鳅，泥鳅会钻过池塘埂逃跑，所以认为养鳅的池塘要用水泥硬化处理。其实，通过人工池塘养殖证实，这些担心是多余的。泥鳅之所以会钻泥，是因为池塘水太浅，泥鳅感到自身安全受到威胁，所以被迫钻入淤泥躲藏。还有当夏天水浅而水温过高时，或者冬天水浅而水温过低时，泥鳅不能承受过低温度，也会钻入淤泥进入休眠状态。再者是如果池塘埂漏水，泥鳅会随漏水处逃出池塘。所以，只要我们做到在改建时将池塘埂做结实，养殖中保持一定的水位，就根本不用但心泥鳅钻泥或逃跑了，也不用将池塘埂用水泥硬化处理。当然，如果是沙地或是池塘埂较窄，池塘埂可能会漏水，并且在养殖中有垮塌的可能，那就得考虑用将池塘埂用水泥做硬化处理了。只要能达到池塘结实、不漏水，养殖户尽量用土池塘开展养殖，这不仅设施投入较小，最关键是在养殖中池壁不会造成泥鳅受伤，所以土池塘不管投放什么规格的泥鳅苗均可。反之用水泥硬化后的池塘，如果是在投放泥鳅苗前，池壁没有通过肥水浸泡，池壁没有长藻而达到光滑效果，投放泥鳅苗后很容易造成其体表受伤，继而出现感染等现象造成死亡。并且硬化后的池塘在养殖过程中加水不能

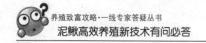
随心所欲，若需提高池塘水位，只能少量慢慢加入，如果提高水位过快，刚淹水的池塘壁由于粗糙，也会造成泥鳅体表受伤，从而出现感染死亡现象。所以，能用土池塘开展养殖尽量用土池，既经济又实用，若确需用水泥硬化，则设施投入大一些，在养殖中过程中应特别注意操作方法。彩图 13 为养泥鳅土池。

29. 池塘养殖捕捞泥鳅方便吗？

由于很多人认为泥鳅会钻泥，泥鳅的捕捞可能非常困难。泥鳅真的会钻泥吗？这是因为池塘水干涸，或是因为池塘水太浅，泥鳅感到自身安全受到威胁，才被迫钻入淤泥躲藏。还有当夏天水浅而水温过高时，或者冬天水浅而水温过低时，泥鳅不能承受也会钻入淤泥进入休眠状态。所以，人工养殖池塘应保持有一定水位，水温相对稳定，泥鳅基本生活在水里面，不会钻到淤泥里，我们采用拉网或是投放地笼等方式均可方便捕捞泥鳅。只是针对不同品种泥鳅，适当调整起捕的方法，基本可以将泥鳅捕捞起来。

30. 养鳅池塘一年能出几批商品？

泥鳅的生长速度与水温息息相关，泥鳅摄食生长温度是 10～33℃，最适水温范围是 22～28℃；当水温降到 10℃以下时，摄食活动明显减少；另外泥鳅的生长速度还与泥鳅品种相关，现有养殖品种中生长最快的是台湾泥鳅，其次是大鳞副泥鳅，再者是青鳅（真泥鳅）。所以一年能出几批商品（指同一池塘），主要看养殖地域的气候和养殖的泥鳅品种。大鳞副泥鳅和青鳅的生长速度要慢一些，其从泥鳅水花苗到养殖上市一般需要 6～7 个月，如果是投放泥鳅水花苗养殖，一年只能出产一批商品。由于台湾泥鳅长势较快，从水花苗养殖到上市规格，一般需要 3～4 个月，所以平均温度较高的地区，如广东、广西和海南等地，一年至少可以出产两批以上商品。而四川、重庆、云南和贵州等地（东北等严寒地区除外），温度好的年份，一年可以出产两批商品；而温度偏低的年份，需要春天投放一批泥鳅寸苗养殖，这样也可以达到一年出产两批。

第二节　稻田套养

31. 稻田养泥鳅有什么特点？

稻田养殖泥鳅，可以一水两用，一地两用（彩图14）。泥鳅可以吃掉稻田有害昆虫，起到较大的生物防治功能，稻田可基本不使用农药，节约农药，减少了粮食污染。水稻吸收泥鳅排泄物和分泌物，避免水质污染，也减少了肥料的使用，从而降低了养殖和生产成本，并生产出优质无污染的泥鳅和水稻，生态效益明显。稻田套养泥鳅，基本不会影响水稻产量，而且每亩可以出产250千克左右泥鳅，做到水稻稳产的同时，每亩增收3 000元左右。

据有关资料介绍：我国约有水稻田2 446万公顷（约3.7亿亩），其中在目前条件下可养鱼面积约1 000万公顷（1.5亿亩），但目前全国已养殖稻田面积仅占1/10，其进一步开发的潜力很大。在种养模式上，由于政府部门的大力提倡和推广，各地的稻田养鱼发展非常迅速。有一定水源条件的稻田在种植水稻的同时，适当进行鱼类套养，可以明显提高水稻田的种养效益。但是，由于各地养殖者在稻田中普遍放养传统的"四大家鱼"，养殖出的鱼类经济价值不高，加上亩产量仅80～100千克，虽然从效益来算，每亩田可以增收几百元，但由于稻田放养鱼苗后，还得有投料、管水、防盗等人力付出，在青壮年大量外出务工、农村只剩下"老弱病残"的今天，这样的效益似乎还不能激起农民的积极性。在一些地区，政府有相应补贴时大家都积极开展稻田养鱼，一旦补贴停止了，农民开展的稻田养鱼也就基本结束了。随着高效益特种水产养殖的逐步发展，稻田养殖也由传统的稻鱼型发展为稻蟹型、稻虾型、稻虾蟹型、稻鳝型和稻鳅型。在发展稻田养殖多种水生动物的同时，不少地区还开展了稻田种植莲藕、茭白、慈姑和水芹等与水产养殖结合，由单品种种养向多品种混养发展，由种养常规品种向种养名特

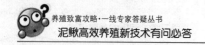

优新品种发展，从而提高了产品的市场适应能力，而且提出了水田半旱式耕作技术和自然免耕理论，使稻田养殖向立体农业、生态农业和综合农业的方向发展。

32. 哪些稻田适合套养泥鳅？

养殖田块选择水量充足、排灌方便、雨季不涝的田块；水质要求清新无污染；土质以保水力强的壤土或者黏土为好，且肥沃疏松腐殖质丰富，呈酸性或中性（pH5.5～7）；地势平坦，坡度小；单块稻田面积不宜太大，在管理投入基本相同的情况下，面积过大会造成管理不便，投饵不均，起捕难度大，影响泥鳅产量。稻田最好成片，而且稻田间落差不大，单块稻田面积以1～3亩为宜，最大不宜超过6亩。面积过大的稻田，当水稻需要浅水时，下降水位后会有部分泥鳅滞留在稻田的坑洼中，时间一长会出现泥鳅苗死亡现象。面积过大还会有很多泥鳅钻到稻田中央，由于稻田水位不深，而稻田中间不一定很平整，泥鳅长时间出不来，影响采食，会造成泥鳅生长不均匀，个体差异较大，从而影响泥鳅的产量。

33. 稻田养鳅产量如何？

稻田养泥鳅是一水两用，一地双收的生态养殖模式，特点是生产优质米和优质泥鳅产品。稻田套养泥鳅主要是满足水稻和泥鳅的共生需要，适当减少一点水稻种植面积，在稻田挖"口""日""田"或"井"字形鱼沟，为泥鳅提供主要采食、生活区域。水稻种植面积不能太小，而加大鱼沟面积，否则水稻产量不高；泥鳅养殖密度也不宜过大，否则水体容易偏肥，造成水稻减产，同时日常换水也增加了水源压力，增加了成本。稻田套养泥鳅，鱼沟面积占稻田面积的10%～15%，每亩稻田投放泥鳅寸苗1.5万条左右，可以出产商品泥鳅250千克左右。

第三节 藕塘套养

34. 藕塘套养泥鳅有何特点？

藕塘套养泥鳅模式与稻田套养相似，可以一水两用、一地两用，藕鳅双收（彩图15）。莲藕吸收泥鳅排泄物和分泌物，避免水质污染，也减少了肥料的使用。泥鳅采食藕塘有害昆虫，减少病害的发生，从而降低了养殖和生产成本。与稻田不同的是，由于莲藕杆上有短刺，所以藕塘套养则应选择刺少的莲藕品种，并且藕塘投放泥鳅苗的数量要进行控制，不宜大量投放泥鳅苗，而且应保持采食点附近无莲藕水面宽一些，否则泥鳅在聚集采食时易在藕杆上擦伤，从而诱发病害。另外荷叶出水面刚展开时，浮于水面的荷叶给青蛙、老鼠提供了躲藏的场所，青蛙、老鼠易残食泥鳅，造成损失。所以，在莲藕发芽前应做好塘周围防护工作，藕塘在投苗前进行杀虫和消毒工作。

35. 哪些藕塘适合养泥鳅？

藕塘养殖田块选择水量充足、排灌方便、雨季不涝的田块；水质要求清新无污染；土质以保水力强的壤土或者黏土为好，且肥沃疏松腐殖质丰富，呈酸性或中性（pH5.5～7）；地势平坦，坡度小。藕塘最好成片易于防天敌、防逃和日常管理，单块藕塘面积以1～3亩为宜，最大不宜超过6亩。

第四节 其他养殖方式

36. 水泥池可以养殖泥鳅吗？

1997年，四川省简阳市大众养殖有限责任公司率先采用水泥池养殖黄鳝（彩图16），通过不断的实践取得了较好的效果。许多农户在庭园或楼顶也修建水泥池养殖黄鳝，由于养殖黄鳝都是靠收购野生黄鳝养殖，许多地方野生资源越来越少，很多农户根本收购不到野生黄鳝而放弃养殖，许多农户则将水泥池改为养殖泥鳅。通过公司和农户多年的养殖实践，水泥池养殖泥鳅总体产量较低，不宜大规模养殖。这主要是水泥池面积小，水体温度变化较大，更重要的是泥鳅采食量比黄鳝大，其排泄物和分泌物量大，水质变质较快，养殖中稍有不慎，泥鳅就会发病，甚至出现死亡。所以，日常生产中多将小水泥池作为泥鳅繁殖池，或者短期饲泥鳅小苗，不将其作为商品泥鳅养殖之用。若是有现成的、面积比较大的水泥池，比如一个水泥池有几百平方米或是更大，由于水体积大，温度变化较慢，水质变化也较慢，则可以用于商品泥鳅饲养。

37. 网箱养鳅可行吗？

网箱养殖最早用于养鱼，然后逐步应用于黄鳝等水产品养殖（彩图17）。四川省简阳市大众养殖有限责任公司最初采用水泥池养殖黄鳝，由于水泥池水温变化快，水质变化也快，养殖管理要求较高，通过反复试验，逐步采用网箱养殖黄鳝。将网箱安放在池塘里，在网箱中培育水草，然后投放黄鳝到网箱进行养殖，取得了较好的养殖效果，并且日常管理工作也轻松了许多。由此大家想到了网箱养殖泥鳅，如果网箱可以养殖泥鳅，不仅设施投入更小，而且管理轻松，捕捞也更加方便。但经过反复的试验发现，网箱养殖的泥鳅经常出现触须、嘴、头部和身体表面受伤、溃烂，陆续出现死亡，养殖到最后网箱的泥鳅所剩无几。这又是为什么呢？通过反复的养殖观察和对比发现，网箱养殖鱼很好，是因为网箱在水中浸泡一定时间，网长有藻及青苔等后网壁光滑，鱼不会受伤，再者养鱼的网箱网眼较大，即使长有藻或青苔也不会使网眼堵塞，网箱内外水体交换顺畅，所以鱼在网箱中能正常生长而不易出现问题。养殖黄鳝的网箱多为7～8目的网布做成，网眼小主要是防止黄鳝钻出网箱，由于投放黄鳝前网箱里培育好水草，网壁浸泡光滑，再加上黄鳝喜静，不会在网箱中快速游动，黄鳝体表不会受伤，加之黄鳝采食量小，排泄物量不大，网箱网眼堵塞也不严重，基本不影响网箱内外水体交换。然而网箱用于养殖泥鳅则出现了问题，主要原因是投放泥鳅前网箱没浸泡光滑，泥鳅特别好动，在网箱四周不停游动，泥鳅在网壁上擦伤，导致感染死亡。并且泥鳅采食量大，排泄物和分泌物较多，网眼非常容易堵塞，网箱内外水体不能交换，造成网箱水质变差，泥鳅发病死亡。由于上述两个主要原因，网箱养殖泥鳅存在许多局限，建议不要盲目采用其开展大规模养殖。

第四章 养鳅场的设计与修建

第一节 繁殖池的修建

38. 泥鳅的繁殖和孵化方式有哪些?

自然界的泥鳅在野外,雌雄鳅自然交配、自然产卵、自然孵化,其产卵率、受精率、孵化率都特别低,孵化出的泥鳅苗在野生自然条件下成活率也相当低。人工养殖繁殖泥鳅苗,均采用人工繁殖方式,在短时间内获得批量的泥鳅苗,以达到苗齐苗壮,才能满足规模养殖的需要。

人工繁殖方式,一是对成熟泥鳅人工注射催产剂,泥鳅自然交配并产卵;二是对成熟泥鳅人工注射催产剂,然后进行人工授精。泥鳅卵粒的孵化可采用静水孵化,或是流水孵化。泥鳅自然交配产卵或是卵粒静水孵化,需要准备水泥池或简易池作为产卵或孵化之用。无论是自然产的卵粒,或是采取人工授精的卵粒,要采用流水孵化,则应准备孵化缸、孵化槽或孵化环道。

39. 如何修建繁殖池?

小规模养殖泥鳅,可采用水泥池或简易池,作为泥鳅繁殖产卵池或是孵化池,这种方式设置投入少,操作简便。

(1)繁殖水泥池 由于泥鳅的繁殖一般从每年 4 月开始,各地开展繁殖的时间略有差异,具体以当地水温达到并稳定在 18℃以上为准,至少应在 3 月下旬就将繁殖池准备好。繁殖池采用 10～20 米²的水泥池,水泥池呈长方形,以方便繁殖操作和捞取泥鳅苗。繁殖水泥池(彩图 18)具体修建方法:整个水泥池都建在地面上,先在池的四周平地铺一排平砖，再在上面砌池壁，池壁可以砌立砖（墙厚6厘米），水泥池高60厘米左右。池底用水泥河沙加石子拌匀打底，并使整个池底向出水口的一方略微倾斜，其倾斜度以我们打开排水口能将池水全部排干为宜。

水泥池的排水方面，将排水孔和溢水孔"合二为一"，形成能自由控制水深的排溢水管。该水管的制作及安装方法为：截取一节长度比池壁厚度多5～10厘米、直径为5厘米的PVC塑料管，在其两端均安上一个同规格的弯头。将其安装在池的排水孔处，使其一个弯头在池内，一个弯头在池外，弯头口与池底相平或略低。如果想将池水的深度控制在30厘米，则只需在池内的弯头上插一节长度约为30厘米的水管。这样，当池水深度超过30厘米时，池水就能从水管自动溢出，为防止孵化出泥鳅后溢水逃苗，可在管口罩一密网袋。而我们要排干池水时，只需将插入的水管拔掉。

在水泥池的池体等设施建造完成后，应该对池的内壁进行处理。可以用水泥河沙将池的内壁抹平，同时再于表面撒上纯的水泥并进行重复涂抹，以使池的内壁光滑。池的外壁可以用水泥河沙抹平，也可不处理。

如果修建的水泥池较多，应该安装固定的供水管道，供水管道的大小应该根据池的大小决定。一般10米²的水泥池，其直接安装到养殖池的供水管直径应不小于2厘米，若水池较大，其供水管道还需做相应的加大，以保证供水及时。在管道放水进入每个池的管口安装一个球阀开关，这样当池中需要加水或换水时，管理人员只需拧开球阀开关即可，非常方便省力。若水泥池数量较少，可不安装固定供水管，采用一根软管供水，哪个池需要注水就拉到哪个池即可。

（2）简易繁殖池 对于养殖规模不大、繁殖孵化泥鳅苗量小的，或是来不及做水泥池的，可以做简易繁殖池（彩图19）。简易繁殖池能修在养殖池塘边更好，主要是方便孵化出的泥鳅苗下塘，到时用小管将泥鳅苗带水直接导入池塘，下苗非常方便。简易池每口面积10～20米²，呈长方形为好。于地面往下挖20～30厘米，取出的土在四周砌埂，使池深度达50厘米，然后将池底及池壁铲平后及时铺上土工膜或塑料薄膜，铺膜时尽量拉直，不要有过多皱褶。挖好池后不要等到土干再铺膜，否则易造成划破膜而导致漏水，铺好膜后即加满水浸泡。简易繁殖用水可采用拉软管供水，排水也可采用管导出的办法，不必去安设专用供水管道，也不用去安设排溢水管。

40. 繁殖水泥池如何脱碱？

新建的水泥池由于水泥等建筑材料的作用，往往碱性很重，若不采取措施将其除掉，直接放入泥鳅将有可能"全军覆没"，更谈不上繁殖泥鳅小苗。所以，我们应在水泥池修建完工并基本干透后，进行池的脱碱处理。消除碱性一般采用加满池水进行浸泡的方法，浸泡7天以上。若急需使用，也可按每立方米池水泼洒食醋 0.5 千克或冰醋酸 10 毫升，则浸泡 1～2 天即可。浸泡完后应充分刷洗池壁，换入新水 5 个小时以上检测 pH，若 pH 在 6～8 即可使用。若不合格则需继续浸泡。

41. 泥鳅苗孵化需要专门的设备吗？

对于小面积养殖，只需要少量水泥池或简易池作繁殖孵化池，采用静水孵化方式，繁殖孵化泥鳅苗。另配置产卵网片、收集小泥鳅苗的密眼网箱和充氧机（器）。

大面积养殖，需要泥鳅苗数量较大，则可采用流水孵化方式。孵化设施和种类较多，生产上常用的有孵化缸、孵化环道及孵化槽等。孵化工具的基本原理是造成均匀的流水条件，使鱼卵悬浮于流水中，在溶氧充足、水质良好的水流中翻动孵化，因而孵化率均较高。一般要求壁光滑，没有死角，不会堆积卵和鱼苗。每立方米水可容卵 100 万～200 万粒。

孵化缸的基本结构为：缸体、排水槽、支架和进水管。缸体由镀锌铁皮制成。大小可根据需要设计制作。一般高为 1 米左右；缸上部直径比下部直径大些，形成上大下小的近似圆柱体结构；在与进水管相连处用铁皮制成倒圆锥形结构。

排水槽主要由镀锌铁皮、铅丝和筛布组成。用镀锌铁皮制成圆形的水槽，8号镀锌铅丝为水槽上缘的加强筋；用筛绢制成上口直径56厘米、下口直径72厘米、高10厘米的网罩，与8号镀锌铅丝制成的网罩用锡焊而成排水槽的内环。筛绢由60目尼龙丝筛绢或50目铜丝筛绢制成。支架由镀锌铁管或黑铁管与扁钢组成，尺寸与缸体相配。进水管一端与缸体相连，另一端直接与闸阀相接，或经橡胶管再与闸阀相通，进水管直径为2厘米。

孵化缸的设计总高不宜超过1.4米。孵化缸太高，不仅不便于操作，也可能因缸太深，当水压不足时，由于水的冲力不够而致鳅卵、鳅苗下沉，导致死亡。

孵化缸也可用塑料制作，其结构、形式、外形尺寸可参照应用。孵化缸由缸底部进水，水流由下向上垂直移动，从顶部筛绢溢出，经排水槽上的排水管排出。

水的流速由散落在水中的鳅卵的浮沉状况来决定。只要鳅卵在缸中心由下向上翻起，到接近水表层时逐渐向四周散开后逐渐下沉，就表明流速适当。如鳅卵未及表层就下沉，表示水的流速太小。反之，若水表层中心波浪涌动，鳅卵急速翻滚，表示流速太快。刚孵出的鳅苗对水的流速要求与鳅卵相同，待鳅苗能水平游动时，水的流速可慢些。

鳅卵脱膜时，大量卵膜在相对集中的时间内漂起涌向筛绢，造成水流受堵，此时应用长柄毛刷在筛绢外缘轻轻刷动或用手轻推筛绢附近的水，让黏附在筛绢上的卵膜脱离筛孔，使水流保持畅通。在脱膜阶段必须经常清除筛绢上的卵膜，以免筛孔全部受阻后，水由筛绢上口溢出，造成逃卵现象。

第二节　养鳅池塘的建造

42. 养鳅池塘如何建造?

(1) 泥鳅池的选址

①交通：交通对于泥鳅的养殖起着比较重要的作用。交通方便的

地方，进苗、购买饲料、出售泥鳅等都很便利，不受季节天气的影响。

②用电：泥鳅池一般要选在电压较为稳定的地方，这对养殖过程中换水的快慢有着至关重要的作用。我国农村各地大多已经进行农网改造，但也还有一些地区由于变压器容量小、线路老化等原因，在用电高峰无法启动水泵抽水，这很容易给泥鳅养殖带来安全隐患，所以初次开展泥鳅养殖的朋友在选择养殖场地时一定要引起重视。

③水源：水源是否充足决定着泥鳅养殖密度的高低，因此，泥鳅池一般都建造在离江河、湖泊较近的地方，但是水源一定不能受到较重的污染（能够适合鱼类生存）。如果当地有较为丰富的地下水，也可以用井水养殖，效果几乎是一样的。

④土质：土质以黑土、黄土等较黏的土质为好，沙土保水性能差，最好不要选用。

⑤地势：地势要稍高，排水方便，且夏季洪水季节要不被淹没。

（2）泥鳅塘的建造

①时间：北方地区建造泥鳅塘一般在冬季建造比较合适，冬季建造的泥鳅塘经过一个冬天的冰冻，土质慢慢疏松，对于第 2 年养殖过程中的保水有较大的作用，当然，其他季节也可以，只是要注意渗水的问题。

②开挖：对于原来田埂较为矮小的稻田或者是在平地新建养鳅池塘，有条件的可以采用小型的推土机或挖掘机开挖池塘（彩图 20）。在开挖之前，最好能用旋耕机把地耙一遍，然后再开挖，这样泥土松软对保水有利。对于稻田田埂已经比较牢实的，也可以采用人工将田埂适当地加高加宽。

③池塘埂的高度：建成后的泥鳅池塘蓄水深度一般保持在 1～1.5 米，这主要是根据养殖的泥鳅品种和密度而定，如养殖台湾泥鳅，或是要达到很高的产量，那就需要水位深一些。池塘埂的高度以池塘养殖所需水位而定，一般比水位高度再高 20～30 厘米。池塘埂应做宽大结实一些，池塘埂底部宽度 3～4 米，往上逐步收缩宽度，达到池塘埂表宽度 1 米左右，以方便日常管理拉板车或斗车运送，这样池塘埂下宽上窄，埂体宽大才比较结实。当水位加上去以后，水面

积也减少不多。

④池塘的大小：养鳅池塘一般以长 70～120 米、宽 8～15 米、面积 1～3 亩为宜，以利于日常管理和起捕泥鳅。如果宽度过宽，投料等管理不便；如果长度过长，换水很难彻底。当然，池塘也不要太小，那样建造成本会更高，日常管理起来也比较麻烦。

⑤安装进、排水管：泥鳅池塘的排水管道一般由一个弯头和两节排水管组成。排水管道的大小一般为直径 100～160 毫米，一根排水管的长度略大于池塘的埂宽，挖开塘埂把其埋于略低于池塘底部的位置，在埋好的管道池内一端套上一个同规格的弯头，并用胶水粘好固定，使弯头口向上。在弯头口再插上一段长度约 70 厘米（具体长度以池塘需要水位而定）的同规格水管（不用抹胶），这样泥鳅池塘的排水管道就算安装完成。在养殖中，若池塘需要排水，将池塘内弯头上的水管抽掉即可。下雨或往池塘加水时，若池塘水位高于池塘内的水管，池塘水便可以通过排水管道流出，完全不必担心池塘水满漫塘，引起泥鳅逃跑。为了增大池塘围网的安全系数，防止万一出现网布破口造成泥鳅逃跑，也可以在排水管处再用小块网布进行围栏，这样，即使有个别泥鳅侥幸逃出围网，也不可能逃跑到池塘外。养殖者在日常管理中，若发现有逃跑到围网外的泥鳅，可以使用捞网等将其捞起放回到围网中。

因为泥鳅喜欢在进水口附近蹿跳，所以我们在安置池塘的进水管时，应让水冲到离池边围网 1 米以上的位置，以免泥鳅在池塘边聚集蹿跳造成头部擦伤。有的养殖户在出水管的下面放置了一小块木板，使抽水入塘时水花四溅，既增加了池水的溶氧，又可以有效地防止泥鳅在抽水时的过度聚集，这一做法值得大家借鉴。

⑥打井：如果泥鳅池塘附近没有可靠的水源，则应考虑在塘边打井。平原地区一般地下水都比较丰富，用直径 40 厘米左右的水泥管往下打几米即可有比较丰富的水源，放入水泵就可以连续不断地抽水，而且花费一般就几百元。对于山区和丘陵地区，若要依靠井水，则应该是先打井，再建塘，以免池塘建好了，打的井却没有多少出水量，使泥鳅养殖无法正常开展。

⑦平整池塘：由于开展泥鳅的养殖管理，需要经常在塘埂上行

走，因此，对于新做的塘埂或新加高的塘埂，最好稍加平整，以方便管理人员行走。

⑧建鱼棚：鱼棚主要是供看守的人住宿和存放养殖的饲料等物品和养殖用具，一般搭一个几平方米的简易棚即可。由于养殖泥鳅的投入比较大，在塘边搭建鱼棚并派认真负责的人进行日夜看守也是非常必要的。

以上设施准备完成以后，泥鳅养殖池塘的建设也就完成了。彩图21为新建泥鳅土池塘。

43. 池塘埂如何防渗漏？

池塘埂高度一般保持在1～2米，具体以当地土质和养殖的泥鳅品种确定，养殖大鳞副鳅、青鳅或本地泥鳅能够蓄水达70厘米以上，养殖台湾泥鳅能够蓄水达1米以上且渗水较慢即可。

部分稻田埂较窄、田埂不注水或者有野生龙虾打洞，容易导致田埂漏水。有的地区土质带沙，防渗效果不佳。对于这样的稻田，建议对田埂进行硬化处理，具体方法是围田四周埂坡底挖沟，沟深20～30厘米，将坡面及埂面基本铲平，然后从沟底部至埂面的整个坡面铺上铁丝网，铁丝网孔径3～5厘米的即可，剪铁丝段做成U形将铁丝网固定于埂坡面，埂面可以不用铺设铁丝网，然后用水泥拌河沙混合抹于坡面及埂面，水泥厚度3厘米左右即可（彩图22）。待水泥干后，回土填沟以利保水。采用水泥硬化，一般每亩投入4 000～5 000元，投资虽稍大些，但池塘埂更牢固，日常操作更方便，整个养殖池塘更整洁规范。

池塘埂防渗漏除用水泥硬化外，还可以铺设土工膜，相比水泥硬化成本更低（彩图23）。池塘埂做好在泥未被晒干时，就应铺土工膜，防止泥土刺破膜。具体方法是围田四周埂坡底挖沟，沟深20～30厘米，将坡面及埂面基本铲平，然后从塘埂一侧沟底部至埂面再到塘埂另一侧沟底铺上土工膜，将整个池塘埂包起来，然后回土将沟填平压实，土工膜接头处用热合机或强力胶接牢实，不能留缝以防漏水或泥鳅钻入。

44. 泥鳅池塘防逃设施如何设置？

为了防止池塘水位升高，或是涨水季节水位漫过池塘埂造成泥鳅逃跑，池塘需要围网防逃，同时也避免外面的青蛙等敌害进入池塘。防逃设施采用打桩拉铁丝，然后埋设固定防逃网布解决。

(1) 竹竿和铁丝　支撑网布的竹竿每节 1.5 米高，每 3～5 米就要用到一节竹竿。支撑网布用水泥棒也可以，一般 6～10 米用一根水泥棒。水泥棒可以向预制构件厂定购，长度为 1.5 米左右（就是很多葡萄种植户用于搭架的那种）。此外还要准备适量的细钢丝绳或铁丝，其长度以能够绕池塘一周即可，用于把每根竹竿或水泥棒连接起来，便于固定在网布的上沿。

(2) 网布　为了保证网布的使用寿命和确保泥鳅不外逃，购买网布一定要选择质量较好的聚乙烯网布，网目的大小应根据所放的泥鳅苗而定（一般 8 目左右的网布均可）。质量较好的网布在日晒雨淋的露天场地可以使用 3 年以上，但质量差的网布有的不到一年就老化变脆，容易造成养殖的泥鳅逃跑。网的宽度（高度）以 1 米左右为宜，由于泥下要埋入约 20 厘米，所以埋设后防逃网的高度一般在 80 厘米左右。网布的长度视泥鳅池的周长而定。一般情况下若泥鳅池的周长为 100 米，买网时最好多买几米，因为网布在埋设时不一定能够做到完全拉直，这样就有可能增加网布的用量。

(3) 埋网　在放苗前一个月，就要把网埋在池塘埂表内侧，埋网是一个非常关键的环节，直接关系养殖泥鳅的成败。

埋网之前先挖埋网沟，埋网沟要用人工挖，所挖的泥土在埋网后回填。埋网沟距离风埂埂边 10～20 厘米，不要距离池埂内侧边太近，在养殖过程中，由于雨水的冲刷，埂上的泥土有可能出现塌陷，塌陷后易造成埋网损坏，造成泥鳅的逃跑。埋网沟的深度一般以 20 厘米为宜，埋网沟挖好后，要立即进行埋网，以免泥土变干不利于填埋。网布与池塘埂表形成一个」形，埋网时一定要把网拉紧拉直，千万不要让网起皱打兜。

网布埋好后，应在网布靠池塘内一侧进行打桩（使用竹竿、杂木棒或水泥棒均可）。对于使用竹竿或木棒的，可以将其一端削尖，然后使用锤子将其打入泥内即可（打入泥内的长度约 30 厘米），每隔3～5 米打 1 个桩；若是使用水泥棒作为支撑的，可以在网外每隔 6～10 米用铲或锄打一个坑（坑深 30 厘米左右），然后放入水泥棒并回填踏实。无论使用哪种材料打桩，都应尽量保证每根"桩"达到直立，以确保下一步的网布能够绷直。桩打好后，应再使用铁丝或细钢丝绳（铁丝或细钢丝绳的直径为 3～5 毫米即可）从桩的中上部将每个桩连接起来。铁丝或钢丝绳的高度以略高于网布为宜。连接线拉好并固定到每一个桩上后，应将网布的一侧使用细铁丝或尼龙线捆扎到拉线上（每 50 厘米左右捆扎一下）。捆扎的时候应注意：部分地方网布边缘离铁丝的距离稍大，只要略微拉紧即可，不要把网布硬拉到拉线上，以防把网布撕破。捆扎好网布后，池塘围网的主要工作也就算基本完成了。

围网的目的是防止外界的青蛙等天敌进入池塘，防止涨水季节水漫过田埂而造成泥鳅逃跑。若养殖场在夏季涨水时没有被淹的可能，则可在养殖场周围及整片养殖池塘外围埋设 8 目左右的防逃网布，不需要每块池塘埂都进行围网。土埂塘还是要进行挖沟打桩埋设网布，硬化田埂已硬化的，可以做抹埂面时顺便将网布下端压住，然后围边插上竹竿，固定绷直网布就可以了（彩图 24）。

45. 泥鳅池塘如何防天敌？

随着自然生态环境的改变，各地鸟儿数量逐步增多，很多地方有水鸟出现，有些如白鹭、夜鹭等水鸟会残食泥鳅。据观测，一只水鸟一天可吃掉 20～30 尾泥鳅，对泥鳅养殖会造成较大的影响。

对于水鸟较少的地方，可在养殖池中拉线横跨养殖池，线固定在围网的桩上，每隔 3 米左右拉一根尼龙线，线上每隔 2～3 米系上一彩色塑料袋或其他惊鸟彩色带，这些彩色带随风飘动，有驱鸟的作用。

对于水鸟较多的地方，则应于池塘上拉盖天网防护。防鸟天网一般采用网孔为 10 厘米左右、线粗 0.3～0.4 毫米的渔线网。防鸟天网网孔不宜太小，网孔越小，用量越大，而且下雨天网上粘水后重量更大，网容易掉入池塘而套住泥鳅。若遇刮大风，容易将天网吹掉，特别是面积较大的池塘，由于其跨度较大，更不宜使用网孔较小的防鸟天网。先于池塘四周埂边埋水泥桩或钢管桩，桩的高度 2.5 米左右，桩埋入埂中 0.5～0.6 米，桩与桩的距离一般为 5 米左右，具体可据池塘的面积和埂的跨度适当调整。然后用钢丝或镀锌铁丝将桩与桩连接起来，连接桩的铁丝固定在桩的顶端，最后将天网盖上并基本拉直，使网不影响日常管理及在池塘埂上行走，网更不能浸到池塘水面。在沿海地区，由于常有台风，易将天网吹掉，盖天网则不能盖的太高。一般采取在池塘埂内侧埋短桩，然后用铁丝相连接，再盖上天网，天网高度以不贴池塘水面为度，这样降低天网高度以防被台风吹坏。养鳅池塘盖上天网后，水鸟基本不会再到池塘区内域活动，这样就能起到很好的防护作用（彩图 25）。

第三节　养鳅稻田的改造

46. 养鳅稻田如何改造？

养殖田块选择水量充足、排灌方便、雨季不涝的田块；水质要求清新无污染；土质以保水力强的壤土或者黏土为宜，且肥沃疏松、腐殖质丰富，呈酸性或中性（pH 为 5.5～7）；地势平坦，坡度小；单块稻田面积不宜太大，在管理投入基本相同的情况下，面积过大给生产上带来管理不便，投饵不均，起捕难度大，影响泥鳅产量，地块面积以 2～3 亩为宜，最大不宜超过 6 亩。

稻田养殖泥鳅必须保证田埂的高度和底宽都在 50 厘米以上，对于田埂较窄或高度不够的应首先进行加固。对于洪水期间会导致田埂漫水或田埂较窄、泥鳅容易钻洞逃跑的，可以参考前面池塘围网的方式在稻田的四周进行围网防逃。当然，对于田埂比较牢实且宽度较宽、泥鳅几乎不可能逃逸的田块，则可以直接用来开展泥鳅养殖。利用稻田开展泥鳅养殖，须在稻田内开挖养殖泥鳅的"鱼沟"，一般沟宽 1～1.5 米，深度为 40～50 厘米。整个稻田的"鱼沟"形状根据稻田的形状和面积而定，一般为围边环沟、"日"字沟、"田"字沟或

"井"字沟。一般"鱼沟"的面积占稻田面积的 10％～15％。"鱼沟"的作用是，当水温太高或偏低时，泥鳅可以避暑防寒，在水稻晒田或施肥时，为泥鳅提供栖息场所，同时"鱼沟"便于起捕泥鳅。对于没有设置围网的稻田，应在稻田的进水口和排水口分别设置一个围栏，防止泥鳅逃跑。

开挖围边沟的泥土可以用于加固田埂，若有开挖出的多余泥土应耙平。设置进排水口并安装拦鱼设施，稻田的进排水口尽可能设在相对应的田埂两端，便于水均匀畅通地流经整块稻田。安排拦鱼栅的目的是防止泥鳅逃跑和阻止野杂鱼进入稻田。拦鱼栅可取铁丝网、竹条、柳条等材料制成。拦鱼栅应安装成圆弧形，圆弧形凸面正对水流方向，即进水口弧形凸面向稻田外部，排水口弧形凸面向稻田内。拦鱼栅孔大小以不阻水、泥鳅不逃为度。

47. 养鳅稻田如何防天敌？

随着生态环境的改变，各地白鹤、夜鹭等水鸟数量逐步增加，泥鳅常被水鸟啄食，特别是稻田中种植了水稻，更为水鸟停栖提供了方便。稻田也需拉天网防鸟，稻田由于面积大，全部盖防鸟网比较浪费，一般只需盖稻田中养殖沟部分面积，就能起到较好的防护作用，有条件者将稻田全盖上防鸟网当然更好。

稻田养殖沟部分盖防鸟天网，由于养殖沟面积较小且跨度不大，只需用竹桩或木桩，然后用铁丝相连接，再盖上防鸟天网，防鸟天网同样采用网孔为 3～20 厘米、线粗为 0.3～0.4 毫米的渔线网。若是将稻田全部盖上防鸟天网，其方法与池塘盖网操作一样。

第四节　养鳅藕塘的改造

48. 养鳅藕塘如何改造？

藕塘的要求和改造与稻田相似，在藕塘开挖"鱼沟"，养殖"鱼沟"为围边环沟、"日"字沟、"田"字沟或"井"字沟，一般"鱼沟"的面积占藕塘面积的 10%～15%。若涨水季节藕塘埂有可能翻水，则应在塘埂边上埋设防逃网。若藕塘埂没有翻水的可能，则可不用设置围网，但应在藕塘的进水口和排水口分别设置一个围栏，防止泥鳅逃跑。防逃网的埋设和进排水防逃操作与稻田操作方法一致。

49. 养鳅藕塘如何防天敌？

藕塘防天敌方法与稻田基本相同，藕塘防天敌还是采用盖防鸟网，由于塘中莲藕长势茂盛，枝叶有很好的防护作用，只需将养殖沟部分盖上防鸟网。在环沟边打竹桩或木桩，然后用铁丝相连接，再盖上防鸟天网，防鸟天网同样采用网孔为 3～20 厘米、线粗为 0.3～0.4 毫米的渔线网。

第五章　泥鳅苗的繁殖

第一节　亲鳅培育

50. 如何选择养殖泥鳅品种?

我国人工养殖泥鳅品种主要以台湾泥鳅、大鳞副泥鳅、真泥鳅（青鳅）为主。其中，台湾泥鳅养殖周期最短，从水花苗养殖到上市销售一般 3～4 个月的时间；大鳞副泥鳅从水花苗养殖到上市销售需要 5～6 个月的时间；青鳅的养殖周期略长。养殖台湾泥鳅需要水源充足，池塘水位在 1 米及以上；养殖大鳞副泥鳅和青鳅要求水位在70 厘米以上。养殖户选择养殖品种应根据自身养殖条件和市场需求而定。

51. 亲鳅如何选择?

繁殖亲鳅来源一般是专门培育的泥鳅，可以从专业养殖场购买。选择的亲鳅必须是体质健壮、体型端正、体色正常、无伤无病的雌雄亲鳅。避免购买劣质亲鳅，否则繁殖的泥鳅苗生长速度慢，饲料转化率低，从而影响养殖效益。

（1）**雌雄亲鳅的鉴别**　在同批泥鳅中，雄鳅的个体较小，一般是雌鳅的一半大小。一般体长达到 6 厘米以上的泥鳅个体，我们都可以依据胸鳍来判定其性别。雌鳅的胸鳍一般比雄鳅短、宽，其末端圆钝，展开呈椭圆形；雄鳅的胸鳍较长、窄，其末端尖而上翘，当鱼体静止不动时呈镰刀形。图 3 为雌性泥鳅，图 4 为雄性泥鳅。

（2）**繁殖亲鳅的选择**　雌鳅的个体以体重 20～40 克、体长 15～20 厘米为宜；雄鳅以体重 10～15 克、体长 10～15 厘米为最佳。个

图 3 雌性泥鳅

图 4 雄性泥鳅

体过大的雌鳅虽然产卵量更大，但在自然交配状态下受精率一般都不理想；个体过大的雄鳅由于在交配时难以很好地缠绕雌鳅，往往也会影响受精率。在开展繁殖催产时，选择雌鳅要求腹部圆而肥大，且色泽变为略带透明的粉红色或棕红色，腹中线不明显。若腹部扁平，腹中线明显，说明怀卵未成熟或已产出，应培育一段时间才用作繁殖。选择雌鳅要求身体健壮，外表特征与品种特征相符。

产过卵的雌鳅腹鳍上方的体躯有灰白斑点的产卵记号，产卵期间所捕获的雌泥鳅，往往都有这种标志，这是由于雌鳅在产卵时，被雄鳅紧紧地缠绕住，雄鳅胸鳍的小骨板压着雌鳅的腹部，从而使其腹部受伤，使小型鳞片和黑色素脱落，留下这道圆形的白斑状伤痕。如果在挑选雌鳅时发现其身体上有比较清晰伤痕，证明该泥鳅刚产过卵不久，这样的雌鳅可以通过养殖培养 2～3 个月后再用做繁殖。

雄鳅的特征。同年龄的泥鳅雄鳅个体较小，一般是雌鳅的一半大小，胸鳍较长末端似镰刀，第 2 枚鳍条最长，游离端为尖形，尖部向上翘，背鳍末端两侧有肉质突出，用手触摸可明显感觉。繁殖时选择大些的为好，以提高泥鳅的产卵率和受精率。

52. 亲鳅如何饲养管理？

泥鳅的繁殖一般在水温稳定在 18℃ 以上时开始，繁殖亲鳅应提前准备。特别是引进种鳅，应先准备好饲养池，避免种鳅因受伤、感染发病而影响繁殖生产。饲养种鳅的池最好采用土池，这样亲鳅不会造成擦伤而感染。亲鳅数量不多的，应选择面积较小的土池塘，土池塘面积过大而亲鳅数量较小则捕捞较麻烦。土池塘应提前用生石灰或漂白粉消毒，消毒后池塘加水开始培肥，坚持亲鳅肥水下塘，池塘水位保持在 1 米左右。如果确实需要采用水泥池饲养，一般面积为 10 米^2 的水泥池可饲养 100 组（1 500 尾）种鳅。水泥池一定要先通过长时间浸泡，让水泥池底及池壁滋生苔藻而保持光滑，否则种鳅在池中容易擦伤而感染。投放种鳅前 1 天，将水放掉后加入池塘肥水，池水深 60 厘米左右，池中投放 2/3 面积的水葫芦等水草。没有水泥池则可采用网箱饲养，网箱应提前安放在塘中进行浸泡，网箱没入水中 60 厘米以上，须让网箱滋生苔藻而变光滑，网箱中投放 1/2 面积水葫芦等水草。水泥池和网箱不宜投放台湾泥鳅饲养，因台湾泥鳅好动，容易出现受伤感染情况。

种鳅投放第 2 天需泼洒"泥鳅消毒灵"，每立方米水体使用 1 克兑水均匀泼洒，防感染处理；第 3 天泼洒"鳝宝腐霉灵"，每立方米水体用 0.5 毫升"鳝宝腐霉灵"兑水均匀泼洒，第 5 天再泼洒一次"鳝宝腐霉灵"。

投喂种鳅的饲料用蛋白质含量在 36% 左右的人工配合饲料，水温在 16～20℃ 时，投喂量为泥鳅体重的 1%～2%，水温在 21℃ 以上时，投喂量占泥鳅体重的 2%～3%，具体投喂量根据亲鳅采食情况适当调整，亲鳅的投喂一般分早晚两次进行。

投放种鳅后的 3～5 天，在料中加入"泥鳅炎立停"和"鳅保康"防病，每千克料加入"泥鳅炎立停" 2～3 克和"鳅保康" 3～5 克。先将药溶入适量清水中，然后将药水拌料，以料基本吸水为度，拌料两分钟后投喂，以达到较好的防病效果。

第二节　繁殖池准备

53. 繁殖需要哪些配套器具？

(1) 产卵网片　每个繁殖池准备一张与繁殖池面积略大的产卵网片，网片采用聚乙烯网布缝制而成，网目大小以种鳅不能外逃为宜，一般为 6～8 目。网片四周系绳子以便将网片四周固定在产卵池边，让网片四周高出水面。繁殖催产后将种鳅放入产卵网片中，卵粒从网眼中漏入池中，产卵结束后将网片收起即可将种鳅取出。

(2) 集苗网箱　每个繁殖准备一口收苗网箱，网箱采用 60～80 目的网片制作，网箱长宽比繁殖池长宽略小一点，高度 40 厘米左右，网箱上沿缝绳以便拉直固定网箱，泥鳅苗下塘时只需将网箱慢慢收起，将泥鳅苗集中到网箱一角，然后很方便舀出泥鳅苗。

(3) 注射器　繁殖催产用，为提高效率应准备连续注射器，使用连续注射器自动吸药，不像一次性注射器那样，不仅需要大量注射器，还需要专人吸药准备。

(4) 催产药品　促性腺激素释放素 A2（GnRHA2）、地欧酮（DOM）和生理盐水，数量视催产种鳅量而定。也可使用复方鲑鱼促性腺激素释放素类似物（S-GnRHa）和注射用绒促性素（HCG）配生理盐水催产。

(5) 增氧机（器）　增氧机功率视繁殖池面积而定，一般每平方米 2～3 瓦即可。繁殖池面积小可配备鱼缸增氧泵或电磁式空气泵，繁殖池面积大者可采用功率大的增氧鼓风机。

54. 催产前繁殖池如何布置?

催产前一天应将繁殖池布置好,先将繁殖池消毒后冲洗干净,将密眼网箱安放到繁殖池中,网箱底紧贴繁殖池底,网箱上沿绳子固定到繁殖池边,将网箱拉直。网箱底适当放鹅卵石等没有棱角物体压住,以防加水后网箱底浮上来。然后在密眼网箱上安放产卵网片,网片四角及周边固定于繁殖池口,以网片不贴到池底为度,泥鳅催产后放到网片中,泥鳅所产卵粒会从网片孔漏到密眼网箱中(彩图26)。安放好密眼网箱和产卵网片,往繁殖池加清洁水30厘米左右,然后放入充氧砂头备用。

第三节　亲鳅催产

55. 泥鳅是如何自然繁殖的?

泥鳅自然繁殖时间,长江以南一般在4月开始,自然产卵繁殖的高峰期集中在5~7月。北方地区繁殖期会适当推迟。养殖者若不好把握,可以以当地水温上升并稳定在20℃以上的时间来确定当地泥鳅开始繁殖的时间。繁殖池可以是水泥池,也可以是土池,面积以100 米^2 以内为宜,过大不便于管理。繁殖种鳅在繁殖季节到来前投放,投放种鳅前应先将用"泥鳅菌毒克"每立方米2毫升兑水全池泼洒消毒,2天后可放亲鳅,也可用生石灰消毒,用量按每立方米水30克兑水后全池泼洒,然后注入新水,7天后可放养亲鳅。每平方米繁殖池放养繁殖种鳅20~30尾,按雌、雄亲鳅1∶2或1∶3放入池中。繁殖池保持水深40~50厘米即可(气温低时水位偏低,气温高时适当加深)。

当水温上升到20℃左右时,就要在池中放置产卵巢。产卵巢可以用棕片、柳树须根等扎成小把,也可以直接使用水葫芦代替。一般每组种鳅(6尾雌鳅)放置一个产卵巢或3~4株根须较好的水葫芦,每个产卵巢相距30厘米以上为宜,以免亲鳅群集产卵相互影响。鱼巢后要经常检查并清洗上面的污泥沉积物，以免泥鳅产卵时影响卵粒的黏附效果。泥鳅喜在雷雨天或者水温突然升高的天气产卵。产卵多在清晨开始，至上午10时左右结束，产卵过程需20～30分钟。产卵时亲鱼追逐激烈，高峰时雄鳅以身缠绕雌鳅前腹部位，完成产卵受精过程。产卵后，要及时取出粘有卵粒的鱼巢另池孵化，以防亲鱼吞吃卵粒。同时补放新鱼巢，让未产卵的亲鱼继续产卵。产卵池要防止蛇、蛙、鼠和鸟等危害。

泥鳅卵粒的孵化可以采用静水充氧孵化，也可以采用微流水孵化，一般水深30～40厘米即可，孵化池上面要使用遮阳网进行遮阳，防止阳光直射杀死靠近水面的卵粒。在水温25℃左右时，鳅卵1～2天即可孵出幼苗（温度偏低，孵化时间会延长；温度过高，孵化时间会缩短，但孵化率会有所降低），一般受精卵的自然孵化率在80%～95%。

泥鳅自然繁殖是传统的繁殖方式，由于自然繁殖泥鳅产卵不集中，而且产卵率不是很高，操作较为繁琐，根本不能满足人工养殖的需要，所以自繁自养均采用人工繁殖方式。

56. 人工繁殖泥鳅有何特点？

人工繁殖泥鳅苗分为半人工繁殖和全人工繁殖。人工养殖泥鳅为了获得批量泥鳅苗，需要对亲鳅进行人工催产，让亲鳅集中产卵以获得批量泥鳅卵粒，从而孵化出大量的泥鳅苗，以满足规模养殖需要。所以，亲鳅的繁殖主要采取半人工繁殖和全人工繁殖方式，半人工繁殖是将亲鳅注射催产剂，然后让亲鳅自然交配、自然产卵，这种方式主要适用于个体不大的亲鳅，如大鳞副泥鳅、青鳅及各地方品种泥鳅，这主要是亲鳅交配时雄鳅会缠绕雌鳅，将雌鳅卵粒挤出并完成授精，如果亲鳅体型较大，雄鳅不容易缠住雌鳅，所以产卵及受精效果受到较大的影响。全人工繁殖则是对亲鳅注射催产剂，待效应时间到时，采取人工取亲鳅卵粒和精液进行人工授精，这种繁殖方式在台湾泥鳅的繁殖上使用，当然大鳞副泥鳅、青鳅及各地区的地方品种均可以采用此方式进行繁殖。

57. 泥鳅人工繁殖有哪些优势？

泥鳅自然繁殖雌亲鳅排卵不尽，雄亲鳅精液浪费较大，导致亲鳅使用量大、繁殖率偏低，而人工繁殖不仅适用范围广，而且繁殖时还可大量节约亲鳅的用量，从而降低了繁育成本，所以，人工繁殖广泛运用于泥鳅繁育生产。特别是全人工繁殖方式，不仅用于台湾泥鳅等体型较大泥鳅，同时也适用于青鳅、大鳞副泥鳅等所有泥鳅，无论泥鳅存在个体差异或是品种差异，采用此方式均可以繁殖。

58. 如何判定亲鳅的成熟度？

亲鳅的成熟度与产卵量、受精率和孵化率息息相关，亲鳅的成熟度主要观察其体形和体色。成熟度好且怀卵量大的亲雌鳅，个体大，腹部略呈透明的粉红色或黄色状，生殖孔微红、呈外开放状。成熟度好的雌鳅一般腹部膨大、柔软而饱满，轻压雌鳅腹部即有卵粒排出，卵粒呈米黄色、半透明并有较好的黏附力。若需要强压腹部才能排卵，卵呈白色、不透明、无黏附力，则为不成熟卵。如果排出的卵受精后1小时左右逐步变成白色，则为卵粒过熟；如果排出的卵粒呈白浊状或黄浊水样状，也为过熟卵粒，这种卵粒不能正常孵化。成熟度好的雄鳅腹部扁平，轻压有乳白色精液从生殖孔流出，精液入水能散开。

59. 亲鳅催产如何操作？

泥鳅的人工繁殖就是通过注射催产剂，使雌雄亲鳅的卵粒和精子发育成熟，泥鳅的人工繁殖具有操作简便、成本低廉、能在短时间内繁殖大量鳅苗且鳅苗规格整齐等优势。

在长江以南地区，一般4~9月均可进行泥鳅的人工繁殖。在长江以北地区，可以根据当地的水温来掌握繁殖时间，一般水温稳定在20℃以上，都可以开展泥鳅的人工繁殖。泥鳅的卵粒是分批发育成熟的，这一特性为养殖者在1年内开展多批量繁殖奠定了基础。

在水温达到20℃以上的晴天，从培育池中选择性腺发育成熟的亲鳅（雌鳅腹部膨大突出，生殖孔外翻，呈鲜红色，轻压腹部有无色透明的卵粒流出。雄鳅腹部柔软，生殖孔狭长凹陷，呈粉红色，有的能挤出浮白色精液）进行人工催产，大鳞副泥鳅和青鳅的雌、雄比例为1∶（1～1.5）。每尾雌鳅注射促性腺激素释放素A2（GnRHA2）1～1.5微克，地欧酮（DOM-）0.2～0.3毫克，雄鳅用量减半。将催产剂用生理盐水配成溶液，溶液按雌鳅需要激素量计算配制，每尾雌鳅生理盐水量0.3毫升。催产注射时，每尾雌鳅注射0.3毫升溶液（即0.3毫升溶液中含1～1.5微克Gn-RHA2，0.2～0.3毫克DOM），雄鳅注射0.2毫升溶液。

　　台湾泥鳅由于体型较大，雌雄鳅个体差异较小，而且是采用全人工繁殖，雌雄比例为5∶1左右。每尾亲鳅注射复方鲑鱼促性腺激素释放素类似物（S-GnRHa）1.2～1.5单位，注射用绒促性素（HCG）65～80单位。将催产剂用生理盐水配成溶液，溶液按亲鳅需要激素量计算配制，每尾亲鳅生理盐水量0.4毫升。催产注射时，每尾亲鳅注射0.4毫升溶液（即0.4毫升溶液中含1.2～1.5单位S-GnRHa，65～80单位HCG）。台湾泥鳅催产也可以采用每尾亲鳅注射促性腺激素释放素A2（GnRHA2）4～5微克，地欧酮（DOM-）0.7～0.8毫克。将催产剂用生理盐水配成溶液，溶液按雌鳅需要激素量计算配制，每尾雌鳅生理盐水量0.4毫升。催产注射时每尾亲鳅注射0.4毫升溶液（即0.4毫升溶液中含4～5微克Gn-RHA2，0.7～0.8毫克DOM）。

　　注射催产时用小抄网捞出种鳅放于吸水性好的床单或衣物里，基本吸掉种鳅体表的多余水分，以方便注射时能很稳定地捉住种鳅，整个注射催产过程应快速操作，不能让种鳅离水时间太长，所以每次捞出吸掉水分的种鳅量应视催产人员的多少和操作熟练程度而定，操作不熟练或一个人操作时，每次应少量捞出种鳅注射催产。

　　注射催产药传统方法是采用普通注射器（彩图27），一般采用1毫升或几毫升的注射器，注射器吸药器小需要反复吸药，而且注射时由于种鳅易动导致推药量不准确，操作速度很慢，这也是很多养殖户催产后种鳅死亡率高的重要原因。批量繁殖采用这种方法往往需要很多的人手，效率低而且人工成本高。四川省简阳市大众养殖有限责任公司技术人员通过反复的实践，总结出采用连续注射器注射催产的方法，不仅需要人手少，操作速度快，2～3 人为一组进行催产操作，1 小时可催产 2 000～3 000 尾种鳅，效率比传统方法提高 10 倍以上，而且催产后种鳅的死亡率极低。一个人也可独自操作催产，只是操作效率稍低。

批量催产可采用连续注射器注射以提高催产效率，肌内注射在泥鳅背鳍前下方两侧，针头朝头部方向与鳅体呈 45°，插针深度 0.2～0.3 厘米。腹腔注射在腹鳍前约 1 厘米的地方，避开腹中线，使针管与鱼体呈 30°，针头朝头部方向。催产注射以下午或傍晚为好，利于第 2 天上午泥鳅发情产卵观察和操作。泥鳅在注射催产剂后至达到发情高潮的时间称为注射催产剂的效应时间，效应时间的长短与种鳅的成熟度、激素种类、水温等有关。

亲鳅注射后的效应时间见表 1。

表 1　雌、雄亲鳅注射后的效应时间

水温（℃）	20	23～25	25～26	28～32
效应时间（小时）	18～20	12～14	10	6～8

60. 半人工繁殖催产后亲鳅如何产卵和孵化？

半人工繁殖一般采用人工催产、自然产卵、自然孵化，此方法是养殖户较常用的方法，具有设施投入小、对种鳅影响较小、操作简便的特点，适合养殖面积在 20 亩左右的规模。将人工催产后的亲鳅放入小水泥或简易塑料膜池中自然产卵和孵化，养殖规模为 10 亩一次投放需要的泥鳅苗，仅需产卵孵化池 80～100 米²，如果采用两批投苗仅需产卵孵化池 50 米²。采用此方法不需要做孵化器，不用流水孵化，也不用杀掉雄鳅取精液，操作较为简便。只要注意投放产卵亲鳅的密度，避免卵粒粘连成团，孵化效果相当不错。彩图 28 为亲鳅在池中自然产卵并孵化。

亲鳅催产前一天，布置好产卵孵化池，注射催产后的亲鳅放入繁殖池产卵网片中，观察其发情产卵，10 米² 繁殖池可投入亲鳅 300～400 尾，不宜投入过多，否则卵粒在池中堆集会导致孵化率降低，投放亲鳅后应开启充氧器充氧，如果光线强烈还应盖上遮阳网。产卵网片没入水中而四周高出水面，这样投入催产后的亲鳅不至于逃出网片，而亲鳅所产卵粒能从网孔中掉到池中，避免亲鳅吞食卵粒。催产注射以下午或傍晚为宜，利于第 2 天上午泥鳅发情产卵观察和操作。亲鳅在未发情之前，一般静卧在产卵网片的底部，只有少数上下窜动。接近发情时，雌、雄泥鳅鳃部开合迅速，呼吸急促，雌鳅游到水面，雄鳅紧跟着追到水面，并进行肠呼吸，从肛门排出气体。

　　当有部分泥鳅开始追逐时，其他的也跟着追逐。如此反复数次，所有的泥鳅便逐渐达到发情高潮。当临近产卵时，雄鳅会圈住雌鳅的腹部，挤压其腹部产卵，同时自己排精。一次交配结束后，雌雄泥鳅暂时潜入水底休息，过一会又开始追逐，雄鳅会再次圈住雌鳅的腹部，挤压其腹部促进雌鳅再次产卵，雄鳅再次排精。这种交配产卵的动作要反复进行 8～12 次，体型大的泥鳅，其排卵射精次数可能会更多，交配持续时间一般在 3～4 小时。图 5 为亲鳅自然交配产卵。

图 5　亲鳅自然交配产卵

　　泥鳅相互追逐即表明开始交配产卵，催产后的第 2 天午后注意观察，当泥鳅已很少有追逐现象即表明产卵基本结束，发现亲鳅产卵基本结束后将种鳅捞出另行饲养。捞出种鳅后，泥鳅卵粒在繁殖池中静水充氧孵化，由于产卵网片上会粘有少量卵粒，所以，取出种鳅后产卵网片仍放回繁殖池中，待孵化出泥鳅苗后再取出。

61. 全人工繁殖催产后如何操作？

全人工繁殖亲鳅注射催产后，将亲鳅按雌雄分别放于塑料箱、塑料桶等光滑的容器中，待效应时间到了再进行人工授精操作，在这之间注意盛放亲鳅容器的水质情况，如果水变浑浊则应换新水，以保持水质清新。效应时间据水温情况有所不同，当效应时间到了，将雌鳅卵粒挤出，然后取雄鳅精液进行人工授精，授精后的卵粒撒到孵化池中孵化。亲鳅催产前1天，布置好孵化池，孵化池中拉好密眼网箱，人工授精后的卵粒撒到密眼网箱中孵化，撒卵时操作应仔细，尽量撒匀，不要有卵粒堆集现象，否则卵粒在池中堆集会导致孵化率降低，投放亲鳅后应开启充氧器充氧，如果光线强烈还应盖上遮阳网。

第四节 泥鳅卵粒孵化

62. 泥鳅卵粒孵化的方式有哪些？

泥鳅卵粒的孵化一般采用静水孵化（彩图29）和微流水孵化，前面也有讲述半人工繁殖亲鳅所产卵粒到水泥池或是简易孵化池，卵粒在池中静水充氧孵化，全人繁殖人工授精获得的泥鳅卵粒撒到水泥池或简易孵化池中静水充氧孵化。此方法是较常用的方法，具有设施投入小、操作简便的特点，已经能够满足绝大多数养殖者开展自繁自养的繁苗所需。

流水孵化是对于养殖规模很大，尤其是创办苗种场来繁殖泥鳅苗供应当地以及外地的养殖者，则可以采用微流水孵化，这样才可以短期内孵化出大批量的泥鳅苗。四川省简阳市大众养殖有限责任公司采用孵化环道和孵化桶进行流水孵化泥鳅苗（图6），年孵化泥鳅苗达

10 亿尾以上，由于环道的建设成本较高，技术要求也相对复杂，为此，不建议养殖者修建泥鳅孵化环道，这里也就不对其具体技术方法进行介绍了。对于有志于创办泥鳅苗种场的养殖户，可以实地参观考察，然后根据自己的实际情况再作选择。

图 6 环道孵化泥鳅苗

63. 泥鳅卵粒孵化时间要多长?

泥鳅卵粒孵化最佳温度为 25℃，当温度较高、光照较强时，应采用遮阳网适当遮阳。当水温为 16～18℃时，约 48 小时孵出小苗；水温为 18～20℃时，约 45 小时可以出苗；水温 25℃时，约 30 小时可以出苗；水温 30℃时，约 24 小时可以出苗。鱼苗刚孵出时，全长只有 3.5 毫米左右，吻端具黏着器，鱼苗都黏在鱼巢或网壁上。孵出后 8 小时左右，苗长约 4 毫米，口裂出现，口角有一对芽基，鳃丝露在鳃盖外，形成外鳃，胸鳍逐渐扩大，全身出现稀疏的黑色素；孵出后 30 多小时，苗长约 4.5 毫米，下颚开始活动，口角出现第 2 对须，胸鳍基部垂直，外鳃继续生长，胸鳍能来回扇动，体表黑色素增加；孵出 60 小时左右，苗长约 5.5 毫米，黏着器官消失，已能做简单的游动，有须 3 对，鳃盖扩大，已延伸到胸鳍基部，但鳃丝仍有外露部分，鳔已出现，卵黄囊接近消失；孵出 4 天左右，苗长 7 毫米，外鳃已缩入鳃盖内，卵黄囊全部消失，肠管内可见食物团充积，鱼苗能自由游动。

64. 泥鳅卵粒孵化期间应注意什么？

鳅苗的孵化率受水温、水体 pH、水体溶氧和卵粒密度等因素影响。孵化水体 pH6.5～7.0 时，孵化效果最佳。水温的变化对泥鳅卵粒的孵化也有较大的影响，当水温在 24～26℃时，卵粒的孵化率最高，当水温低于 24℃或高于 26℃，卵粒的孵化率有所下降。泥鳅卵粒孵化期间首先应注意光线不要太强烈，否则较强的阳光照射会损坏卵粒而影响孵化率，特别是在夏季孵化应在孵化池上方搭盖遮阳网。泥鳅卵粒开始脱膜而出时，卵膜在池中容易变质而污染水质，水会变浑浊，应视情况适当换新水，换水时注意水温状况，水温变化应控制在 2℃以内，在出水口插上一段控制水位的溢水管，让多余的水溢出孵化池，这样既更新水质也避免孵化池水位过高。

泥鳅卵粒孵化期间至泥鳅苗出池，均开启增氧机，水体溶氧量是影响养殖水产品生长和成活率的重要因素，当水中溶氧达 4.5 毫克/升以上时，鱼、虾的食欲增强明显；达到 5 毫克/升以上时，饵料系数达到最佳值。泥鳅比一般鱼类更耐低氧，但苗期对水体溶氧要求较高，一般水体的溶解氧应保持在 5～8 毫克/升。充氧机电源接延时器，充氧时间设定为充氧 10 分钟，停机 5 分钟，具体视天气、水体溶氧情况适当调整。

65. 孵化出的泥鳅苗什么时候开始投喂？

泥鳅苗由刚孵出时呈透明的"痘点"状生长到体色逐渐变黑，孵出后 33 小时，苗长 4.5 毫米，口下颌已能活动，口角出现 2 对须；卵黄囊缩小；外鳃继续伸长；胸鳍能来回煽动，体表黑色素增加。孵出约 60 小时，苗长 5.5 毫米，已能作简单的游动；具须 3 对；鳃盖扩大，已延伸到胸鳍基部，但鳃丝上仍有外露部分；鳔已出现；卵黄囊接近消失；鱼苗已开口摄食轮虫等食物。所以，孵出约 3 天便要开始喂食，如不喂食，第 5 天便开始出现死亡，10 天全部死亡。孵出后 84 小时，苗长 7 毫米左右，外鳃已缩入鳃盖内；鳔已渐圆；具须

4 对；卵黄囊全部消失（肠管内可见食物团充积）；鱼苗能自由游动。

　　刚孵化出的泥鳅苗附着在池壁或网壁上，依靠卵黄生存，各器官迅速发育开始摄食，孵出 3 天左右（泥鳅苗的发育与水温有一定关系）卵黄基本消失，已能开始游动，这时应及时进行开口，即投喂饵料。对于低密度孵化，比如 10 米^2 池泥鳅苗不超过 40 万尾，可以在孵化池中开口投喂，开口饵料多采用熟鸡蛋黄、轮虫等。

　　投喂煮熟的鸡蛋黄，每 10 万～15 万尾小苗每天投喂一个鸡蛋黄，每天分 2～3 次投喂。投喂的鸡蛋黄应使用双层纱布进行包裹，浸入水中用手揉搓成浆，投喂要全池泼洒，力求细而均匀，落水后呈雾状。轮虫是淡水浮游动物的主要组成部分，是绝大部分鱼类的鱼苗从内源性营养向处源性营养转化阶段中最适口的优质饵料。在渔业生产上，鱼苗培育水体中轮虫的数量直接影响鱼苗的成活率和生长速度。轮虫等浮游生物是泥鳅苗的适口饵料，可提前在池塘或水泥池中培育，然后用密网捞取投喂小苗开口，或是从培育池中抽水到孵化池，采取加换水的方式投喂。泥鳅苗在孵化池经过 2～3 天的开口投喂后，应投放池塘或分池饲养培育。彩图 30 为养殖者收集繁殖池泥鳅苗。

　　对于高密度孵化，比如 10 米^2 池泥鳅苗达 40 万尾以上，孵出的泥鳅苗密度较大，孵化后池中卵膜及坏卵较多，卵膜及坏卵很容易败坏水质，泥鳅苗孵出 3 天左右卵黄基本消失时，及时采用熟鸡蛋黄、轮虫等开口投喂。

66. 孵化的泥鳅苗什么时候可以投放池塘？

　　孵化的泥鳅苗卵黄基本消失，已能自由游动时进行开口投喂，第 2 天早上即可投放池塘培育。因为孵化池面积小，水体温度受外界气温影响变化较大，而且受坏卵和卵膜的影响，水质变化也较大，泥鳅苗在孵化池不能待太长时间，否则容易出现死亡现象。在春秋季气温不太高，而且泥鳅苗密度不大的情况下，泥鳅苗可以在孵化池多养几天问题不大，但在夏季高温情况下，由于水温高、光照强等原因，泥鳅苗在孵化池容易出现气泡病而出现大量死亡。所以，在夏季孵化出的泥鳅苗，更应尽快投放池塘养殖，以免造成泥鳅苗在孵化池中损失。

第六章　泥鳅苗培育

　　泥鳅苗的培育是整个泥鳅养殖中最重要的一环，此环节抓好了，首先保证了泥鳅苗数量，后期养殖产量才有保证。当泥鳅苗通过20多天的培育，个体达寸苗规格（体长达3厘米）以上后，泥鳅苗能到水面换气，开始逐步采食颗粒配合饲料，泥鳅苗的抵抗力和适应能力增强，养殖管理相对较为更加粗放。许多养殖户不敢直接购买泥鳅水花苗养殖，主要是缺乏泥鳅苗培育技术经验，担心泥鳅水花苗培育成活率不高，所以往往直接购买寸苗养殖，这对初养没经验者，也是比较好的一种选择，只不过购寸苗养殖，苗种相对购水花苗投入要大一些，同比整体养殖效益要低一些。

第一节　培育池塘清塘

67. 哪种方式培育泥鳅苗好?

　　刚孵化出的泥鳅苗个体较小，对饵料要求高一些，对环境的适应能力、抗病能力以及对天敌的抵御都要差一些，所以整个培育阶段管理相对要精细一些。四川省简阳市大众养殖有限责任公司通过10多年的养殖实践总结，泥鳅苗先后采用了水泥池培育，密眼网箱培育和池塘培育方式。水泥池培育是探索工厂化培育泥鳅苗，但水泥池由于面积小，水温受外界气温影响变化较大，易长青苔，培育天然饵料效果不好等原因，培育泥鳅苗的密度不高，加之水泥池建设成本较高，根本不适宜大规模培育泥鳅苗的需要。网箱培育是在池塘中安放密眼网箱，天然饵料的培育较容易，水温相对也比较稳定，但经过几天的时间网眼被藻苔等堵塞，形成一个封闭的小环境，其性质与水泥池基本相同，培育成活率不高，也不适宜大批量培育泥鳅苗。

采用池塘培育泥鳅苗，由于水域面积大，受外界气温影响小，水温稳定，池塘培育天然饵料较容易，管理较为粗放，培育成活率和培育量都得到大幅度提高，这也是现在培育泥鳅苗的主要方式。

68. 培育池塘如何整理？

培育泥鳅苗的池塘首先需要做好预防天敌的工作，一是检查和完善池塘周边的围网是否有破损，以防止青蛙等天敌进入池塘；二是池塘上方的防鸟网是否盖好，或是否有破损，以防白鹭等鸟害。池塘中的水草、杂草和青苔应予以清除，否则严重影响池塘培水。池塘埂的杂草也要清除，以防止天敌藏于其中。对于养殖老塘，若塘底有较厚淤泥，应提前进行晒塘，否则养殖中水体变化较快，特别是养殖中后期水体富营养化，大大增加用水量和调水产品用量，增加了养殖成本，而且泥鳅在这样的环境中生长速度也较慢，容易发生病害。

69. 培育池塘如何杀灭天敌？

刚孵化出的泥鳅个体较小，对外界天敌抵御能力较弱，如蜻蜓幼虫、水蜈蚣、青蛙、虾蟹、乌鱼肉食性鱼类等，池塘中的野杂鱼争食泥鳅饵料，导致泥鳅苗成活率极低，养殖效果极差。清塘杀天敌时间不宜过早，否则投苗时塘中又滋生大量的敌害，投放泥鳅苗前10天左右要对池塘进行清塘工作，为泥鳅苗创造安全的生活环境。池塘加水10厘米左右，如果池塘底落差大，水应淹过较高的底部位置，然后每亩水面用"鳅塘净"100毫升兑水均匀泼洒；如果池塘底落差大而水位深，应适当增加"鳅塘净"用量，以达到较好的杀灭效果。如果选用其他杀虫药，一定要选择高效低毒、残留期较短的药物，否则影响投苗时间和泥鳅苗的成活率。

70. 培育池塘如何消毒？

培育池塘杀灭天敌后 2 天左右再进行消毒，以消灭细菌及致病菌，池塘消毒一般采用生石灰或漂白粉，生石灰或漂白粉的用量视池塘条件而定，老池塘每亩用生石灰 150～200 千克，选购块状生石灰，然后放适量到钢盆中再逐步加水化开，然后趁热泼洒效果最好，加水后生石灰会开裂并产生热量，操作时一定要小心以避免烧伤，若当地不好采购生石灰，也可以每亩用 5～6 千克漂白粉兑水全池均匀泼洒。新开挖的硬底池塘，每亩再用生石灰 50～60 千克兑水全池均匀泼洒消毒，或者每亩用 4～5 千克漂白粉兑水全池均匀泼洒消毒，消毒后 2～3 天即可加深池水并开始培水。投苗前再采用密网在塘中拉空网检查塘中是否还有敌害生物，若有敌害生物还需再行清塘消毒处理。

第二节　池塘培水

71. 池塘肥水产品有哪些？

池塘肥水的产品主要有三大类，一是有机肥，如粪肥（牲畜粪便、堆肥和沼气肥等）和绿肥（青草、大豆饼、菜籽饼、花生饼和棉籽饼等）；二是无机肥，即我们通常所称的化肥（氮肥、磷肥、钾肥和钙肥等）；三是生物鱼肥，是将无机元素、有机元素和生物活性物质科学配合的水产养殖肥料（肥水膏、肥水素和培藻膏等）。

72. 如何使用有机肥？

有机肥一般作为基肥使用，施用有机肥培水，先通过发酵腐熟以杀死大量细菌，施用后肥效较为稳定，而且不会引起泥鳅病害。施用有机肥作基肥，在池塘清塘后浅水时，每亩撒施有机肥 300～500 千克，使其在光照好水温高时较快分解，3～4 天后逐步加深水位，具体用量视池塘的深浅、肥度和有机肥的肥效适当调整。如果是在池塘水位较深时施有机肥作基肥，可以放泥鳅苗前，将有机肥堆成小堆，放于向阳浅水处，使其逐渐分解扩散。在水温较高的季节，使用有机肥作基肥，在清塘后加满水后，将有机肥加水搅匀，均匀泼洒到池塘中。

73. 使用无机肥应注意什么？

无机肥有效养分含量高，肥效快，但肥效不全面，在作为追肥使用时，可根据池塘的水色酌情选择施用。氮肥作基肥以施用尿素为例，每亩用1.5～2千克，追肥用量为基肥的20%～30%，尿素转化为氮态与铵态氮在高温季节需2～3天，低温季节则需要7～10天，甚至更长时间。因此，在施用尿素时应根据水温来决定，而施尿素后，水色也不会像施其他氮肥一样很快发生变化。磷肥作为基肥以施用过磷酸钙为例，每亩7.5～10千克，作为追肥用量为1.5～2.5千克。钾肥作为基肥以施氧化钾为例，每亩用0.5千克左右。无机肥大多数是速效肥，用作追肥效果较好，一般应在晴天中午施用，施用时宜少量多次。同时使用磷肥、氮肥时，必须先用磷肥，后施氮肥，不能同时使用，否则将大大降低施肥的效果。只使用无机肥培水的池塘，浮游动物的种类和数量不及使用有机肥的池塘，如果采用有机肥和无机肥相结合的方式，才易达到较好的培水效果。

74. 生物肥有什么特点？

生物鱼肥属高效复合水产专用肥，其氮、磷含量高，氮、磷的水溶性好，添加了水生物必需的铁、锌等微量元素，从而提高肥效并能激活有益藻和益生菌的活性，加快其繁殖和生长速度，培育出丰富的天然饵料。生物肥具有营养全面、见效快而持久、水色爽活等特点，只是与使用有机肥和无机肥相比，培水成本会高一些。生物肥一般以晴天上午使用，阴天使用效果不佳，使用时应先加水将其稀释，充分溶化后再均匀泼洒，施用生物肥后3～4天不要换水或加水，池塘使

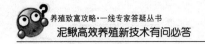
用生石灰前后 1 周内不宜使用生物鱼肥。

75. 培育池塘如何培水?

培育池塘培水主要是初期培养轮虫、小球藻、枝角类和桡足类等浮游动物,为泥鳅苗提供充足可口的饵料。投放的泥鳅水花苗刚开始采食轮虫,随着泥鳅苗个体的增长,逐步采食个体较大的枝角类,泥鳅苗进一步长大,开始采食个体更大的桡足类。培养天然浮游动物,为泥鳅苗提供充足的饵料,是提高泥鳅苗成活率的关键环节之一。

池塘投苗前需提前培肥水体,培育大量的轮虫等浮游生物供泥鳅采食,池塘杀灭敌害并消毒后,将池塘加水至 50～60 厘米,若能抽取部分老塘肥水,引入部分藻源培水更快,加水须用密网过滤防止敌害生物入池。培育浮游生物采取有机肥和无机肥相结合的方式效果更好,然后再根据水色变化情况适当泼洒豆浆或生物鱼肥,一般每亩水面一次用黄豆 2～3 千克,一般 1 千克黄豆磨浆 15 千克豆浆,磨浆时先将黄豆用热水浸泡,然后将黄豆加新水磨浆,避免磨好后再加水稀释,否则会产生沉淀。磨好的豆浆要及时泼洒,以防变质。少量培育鳅苗的养殖户,购买一台家用豆浆机即可。连续泼洒 2～3 天,具体泼洒豆浆天数及泼洒量视池塘肥度适当增减。例如,鱼塘等底部有淤泥的池塘,或者加水时抽取了部分老塘水,培肥较快且较容易,应酌情考虑泼洒豆浆的量和次数,否则会造成水体过肥。一般当池塘的轮虫、小球藻等单胞藻浮游生物比较丰富时,就应暂停泼洒豆浆,以后发现浮游生物逐步减少时,再适当泼洒豆浆培肥。生物鱼肥据不同产品按说明使用。

若是新开挖的池塘,池塘中藻源较少,培水时间及培水产品用量会有所增加,可在加水时从有丰富浮游生物的老塘中抽取部分水而获得轮虫、藻类种虫,将肥水抽取部分放进去,加入的肥水应采用 60 目以上的密网过滤,然后施用肥水产品进行培肥。

培肥过程以及泥鳅小苗培育阶段,总体达到池塘水中有较丰富的轮虫等浮游生物饵料,而水体保持肥、活、嫩、爽,无污染为度。培肥过程中密切注意池塘培肥情况,只要池塘中有较丰富的轮虫等浮游生物，就不能再继续培肥，不要培水过度，否则后期水质不易控制。如果水体过肥，应适当加入新水并泼洒光合细菌，每次每亩泼洒光合细菌5千克，以给浮游动物提供饵料和调节水质。检测池塘中轮虫含量以判断是否达到最佳投苗时机，一般采用显微镜、计数板计算轮虫的数量，但绝大部分养殖户没有这些设备，可以采用简易观察方法，用量杯、量筒或注射器取池塘水倒入试管内，将试管对着太阳光，用肉眼直接观察塘水中浮游生物的情况。

76. 新挖池塘培水难吗？

新开挖的池塘由于没有淤泥，藻源较少，培水相对困难。新塘的培水要有充分的准备，池塘消毒后加水时，最好能加入部分老塘肥水。没有老塘水者，可提前利用一口专门的池塘施入腐熟的畜禽粪便，进行高强度培水，其他池塘杀虫、消毒后培水时，从中抽取部分肥水进去，抽入的肥水加密网过滤，不能让大型的浮游动物、小杂鱼、敌害等进入。加水后泼洒培水产品，由于新挖池塘较瘦，一般应提前准备发酵的有机肥（如牛粪、猪粪等），培水时先施用有机肥作基肥，然后再根据情况使用无机肥或生物鱼肥作追肥。具体使用的培水产品，可根据当地实际情况选择，并采用多种产品结合的方式，以利在短期内能培肥水体。培水过程中注意观察水体的变化情况，适当增减培水产品使用量，以达到较好的培水效果。

第三节 泥鳅苗的投放与喂养

77. 池塘什么时候投放泥鳅苗？

培育池塘培肥后，水体中有充足的轮虫、小球藻等单胞藻，就应尽快安排投放泥鳅水花苗。检测池塘中轮虫的数量，一般采用显微镜、计数板计算，但绝大部分养殖户没有这些设备，可以采用简易观察方法，用量杯、量筒或注射器取池塘水2毫升，倒入试管中，将试

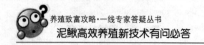

管对着太阳光，用肉眼直接观察计算每毫升水中的小白点数目（即轮虫的数量），只要试管内的水体中有10～20个或者更多小白点，说明每毫升池塘水有5个以上的轮虫数量。

如果要更准确地掌握池塘水中轮虫的数量，也可选择晴天的上午，用带刻度的小烧杯取池水10毫升，把所取样水倒入2毫升带刻度的试管内，将试管对着太阳光，用肉眼直接过数计算每毫升水中的小白点数目（即轮虫的数量），如此反复5次，将5次数得的小白点数累加再除以10，即得出每毫升水中所含的轮虫数量。在用此方法计算池水中轮虫的数量时，通常在一口池内选5个点（即池塘四角和中央各一个）取水样，共取水样50毫升，计数25次，再计算出每毫升水中的轮虫数。如果每毫升水中含有10个小白点，就是每升水中含有轮虫1万个。每升水中含有0.5万～1万个轮虫时，正是泥鳅苗下塘最合适的时候。用这种方法计数，需要注意的是，计数时要将试管对着太阳光，认真仔细地计数。做到这一点就不会将其他的浮游动物统计进去，这是因它们的形态特征所决定的。原生动物个体大小一般为30～300微米，用肉眼不易看见；轮虫的个体大小一般在200～500微米，对着太阳光用肉眼可清楚地看到一个个颤动的小白点；枝角类的个体大小一般在0.2～0.21毫米，不必对着太阳光用肉眼即可看到其在游动，枝角类在池塘中常常呈淡红色或棕黄色，生产中常称枝角类为红虫；桡足类的个体比枝角类要大得多，一般为0.5～2毫米，肉眼更是清晰可见，所以用肉眼直接观察法计算轮虫数量是可行的。

认识和掌握水体浮游动物的情况，以便在轮虫、小球藻等单胞藻较旺盛时投放泥鳅苗，泥鳅苗有充足的天然饵料，其生长速度快，抵抗能力增强，有利于提高成活率。为了培好水，有些养殖户错误地认为培水时间越长越好，殊不知培水时间长，水体营养没跟上，水体透明度越来越高，池塘水体中轮虫、小球藻等单胞藻越来越少，大型浮游动物如枝角类和桡足类等占优势，泥鳅苗下塘后根本吃不了，这就是有的池塘肉眼都能看到有许多浮游生物，而投放泥鳅苗后效果不佳的原因。

78. 池塘投放泥鳅苗应注意什么？

泥鳅苗投放培育池塘（彩图31），宜选择晴天8：00～10：00或15：00～17：00，温度较高的季节宜选择在上午投放为宜。投放泥鳅苗选择在培育池塘背风向阳处，若有微风则在上风口放苗。放苗时将盛泥鳅苗的容器或打开的鱼苗袋倾斜于水面，轻轻拨动池塘水，让泥鳅苗缓缓游入池塘中，然后再将容器向后向上倒提出水面。投入泥鳅苗时，注意盛装泥鳅苗的容器或鱼苗袋内的水温与培育池塘的水温差，一般不宜超过±2℃，如果温差太大，应将水温调整至接近时再放苗。可将装苗的盆、桶等容器倾斜少量流进池塘水后飘在水面，待容器水温与池塘水温相近时放苗。充氧鱼苗袋则直接浮于水面，待水温接近时，再开袋向袋内灌水，让泥鳅苗从袋中游出。

79. 泥鳅苗投喂什么饵料？

泥鳅苗培育期一般是指泥鳅水花苗下塘后30天左右，这期间主要注意水体培肥工作，以浮游生物供泥鳅苗采食，另外再人工补充配合饲料，所以这期间做好培水工作，天然饵料充足，饲料的用量是比较少的，同时泥鳅苗的长势也非常好。关于饲养泥鳅小苗的饵料，四川省简阳市大众养殖有限责任公司通过多年的试验总结，发现培肥后天然饵料的效果是配合饲料无法完全代替的。培育天然饵料需要培肥，因为池塘和水源条件不一样，培水的方法不尽相同，试验的初衷是想池塘清水下苗，省去培水环节，全程投喂配合饲料，实现标准化培育泥鳅苗流程。经过多年的摸索试验，找厂家定制生产不同蛋白含量的超微粉料，通过水泥池和池塘清水下苗饲养，泥鳅苗的生长速度慢且成活率不理想，培育效果始终不能达到培水池塘。初步结论是初期水花苗对配合料的采食和消化吸收效果不好，还有就是水体透明度对水花苗影响等，导致泥鳅苗生长速度和成活率不佳。

所以，现在还是采用池塘培水，然后人工辅助投料，人工投料一般采用鸡蛋黄、水蚯蚓和配合饲料，配合饲料选择蛋白含量在40％

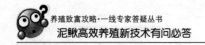

左右的淡水鱼苗粉料，粉料的细度在 80 目以上更好。

80. 如何投喂泥鳅苗？

刚投入池塘的泥鳅水花苗个体较小，只能采食微粒饵料，刚投放的头一天投喂煮熟的鸡蛋黄，投喂的鸡蛋黄应使用双层纱布进行包裹，浸入水中用手揉搓成浆，让蛋黄充分溶于水中，然后多兑水均匀浇洒到池塘投喂小苗，由于刚下塘的泥鳅苗多围池塘四周活动，所以投喂应沿塘边多投喂，塘中间部分可适当少投即可。投喂量一般为每100 万尾泥鳅苗，全天 5～6 个鸡蛋黄，分 2～3 次投喂。

第 2 天或第 3 天开始投喂水蚯蚓浆较好，将水蚯蚓利用豆浆机或打浆机打磨成浆投喂，以提高鳅苗的生长，提高抗病力和成活率。打浆时应力求细碎，以确保鳅苗能够取食，每 100 万尾泥鳅苗每天投喂 2 千克左右水蚯蚓，随着泥鳅苗不断长大，逐步增加投喂量。有经验的养殖者查看水蚯蚓打浆细度的方法是：豆浆机打浆时，浆面上浮起的白沫厚度达到两厘米以上时，肉浆的细度就已经达到了要求了。打浆的水蚯蚓在使用前，应按每立方米水 7 克高锰酸钾的浓度（水呈粉红色）对活饵进行浸泡消毒，并用清水反复冲洗干净再用，以免带入病菌导致鳅苗患病。水蚯蚓浆的投喂期也是掌握在 7～10 天为宜。随着泥鳅苗个体的增大，水蚯蚓磨浆细度可逐步增大，不用磨得太细。若在这一时期没有水蚯蚓投喂，可以采用配合饲料浆投喂，饲料选择蛋白含量 36％以上的淡水鱼料粉料，投喂时将饲料粉充分溶于水后沿池塘边浇洒。没有配合饲料粉料，可采用颗粒饲料经浸泡后用豆浆机或打浆机进行打磨成浆投喂。泥鳅苗饲养 10～15 天，可逐步将粉料加水拌湿后沿边投喂，泥鳅苗饲养 20～25 天逐步投配合饲料颗粒料，通过 4～5 天过渡期完全达到投喂粒径为 0.3～0.5 毫米的颗粒饲料。彩图 32 为泥鳅苗采食浮性饲料。

81. 泥鳅苗培育期间水质如何管理？

泥鳅苗期水质管理非常重要，养殖中很多养殖户培育成活率不高，其中重要的一环就是水质出了问题。小苗期间培养天然饵料需要培肥，这就需要掌握一个度的问题，投放泥鳅水花苗下塘后，注意池塘肥度的变化，如果水体有变瘦的趋势，应及时补充泼洒培水产品，否则轮虫、小球藻等单胞藻较少，水体变清，将会严重影响水花苗的成活率。所以，池塘水体肥度不够时应注意适当泼洒豆浆、肥水膏等刺激性小的培水产品。

由于池塘下苗前采取了培水，养殖户往往过分地培肥，使用大量的培肥产品，急于培育丰富的浮游动物，一味注重培肥而没有把握好度。这样不仅泥鳅苗下塘后成活率受到影响，而且随着时间的推移，不注意调节水质，泥鳅苗出现生长缓慢、抵抗力下降、慢性中毒等，陆续出现死亡。特别是在天气异常、天气变化较大时泥鳅苗很容易出现浮面死亡。所以，从池塘开始培水时就应加以重视，培水需要循序渐进，不要急于求成，不能过量使用培肥产品，宁可池塘水稍淡一点，也不要将塘培得过肥。在池塘杀虫和消毒后，适当使用培水产品，特别是向池塘中抽入了老塘水时，更应控制培水产品的使用，在培水过程中和投入泥鳅苗以后的时间里，注意观察水质状况，若池塘水偏瘦，应酌情泼洒黄豆浆以培水。在泥鳅苗培育期间，凡发现水色有变浓趋势、透明度有所降低时，应泼洒光合细菌调节，一般每亩池塘泼洒 5 千克光合细菌。如果池塘水色较浓、水体透明度较低，应及时加入新水，换掉部分老水，以保持水体肥、活、嫩、爽。对池塘水质认识不足、把握度不够时，可以辅助使用水质测试盒检测水质，通过水体氨氮、亚硝酸盐、硫化氢、溶解氧指标加以判定。水体溶解氧应保持在 5～8 毫克/升，至少应保持 3 毫克/升以上；氨氮的浓度不超过 0.02 毫克/升；亚硝酸盐含量必须控制在 0.2 毫克/升以下；硫化氢的浓度应该地控制在 0.1 毫克/升以下。

82. 培育期间泥鳅苗会缺氧吗?

泥鳅水花苗至达寸苗阶段，由于器官发育不完全，只能完全依赖水体中的氧气，当池塘水体氧含量较低时，会影响泥鳅苗的生存。特别是泥鳅苗在体长 1～2 厘米阶段，对水体氧含量要求高一些，在此阶段若池塘水体氧含量低，会出现泥鳅苗大量浮于水体表面的现象。特别是在闷热天气或天气突变时，多有在后半夜至早上时段发现池塘水面漂浮大量的泥鳅苗，若不及时进行增氧处理，泥鳅苗会大量死亡。所以有条件的，特别是高密度培育泥鳅苗的养殖户，应当在池塘安设增氧机，在出现水体溶氧低时开启，以防意外发生（彩图 33）。就算泥鳅苗培育期天气都不错，在后半夜和早上适当增氧，提高水体氧含量，对泥鳅苗的生长和提高饲料转化率也是大有益处的。

池塘增氧方式很多，可选择的增氧机有叶轮式增氧机、喷涌式增氧机、水车式增氧机、浮式水泵增氧机、射流式增氧机、鼓风增氧机和真空泵曝气增氧机等，增氧机在养鱼中使用较为广泛，因养鱼全程对水体氧含量要求较高，所以每年各地都有因缺氧发生死鱼的现象。而养殖泥鳅主要是在寸苗以前阶段，特别是高密度培育情况下，为防止发生严重缺氧现象，应准备增氧设备。泥鳅苗培育阶段增氧，多采用真空泵曝气机或鼓风机，安设 PVC 管道或塑料管，再连接微孔管做成的氧盘。采用真空泵曝气机进行微孔增氧，一般一台 2.3 千瓦的真空泵曝气机可以满足 15 亩左右培育池塘需要。

第四节　病虫防治

83. 如何提高泥鳅苗的抗病能力?

泥鳅苗小苗阶段其适应和抗病能力相对差一些，在泥鳅苗培育阶段，首先是管理好池塘水，注意池塘水体肥度保持适中，天然饵料充足，水体有害物质不超标，泥鳅苗生长速度快，有利于泥鳅苗抗病能力增强。泥鳅苗培育期间除做好消毒工作和预防寄生虫以外，投喂泥鳅苗的饲料应选择蛋白含量在 40% 左右的配合饲料，在人工投喂饲料中常加入"鳅保康"和"泥鳅病毒清"，有助于提高泥鳅苗的抗病能力，促进达到苗齐苗壮的效果。

84. 苗期如何防治病虫害？

泥鳅苗培育期间，除保持水质良好外，应做好病虫害防治工作。苗期虫害的危害最大，除放苗前清塘时严格杀灭天敌和害虫，特别是夏季池塘滋生蜻蜓幼虫、水蜈蚣等害虫较快，可以在投放泥鳅苗前两天采用"蜻蜓克星"泼洒，每亩"蜻蜓克星"用量为1 000克。日常培育过程中注意观察，一旦发现蜻蜓幼虫、水蜈蚣等害虫应立即用药驱杀，在泥鳅水花苗至寸苗阶段，一般采用"吡虫啉"泼洒杀灭，每立方米水体用"吡虫啉"0.3～0.35克兑水全塘均匀泼洒。若泥鳅苗已达寸苗阶段，发现有虫害，可每亩用"蜻蜓克星"750～800克兑水全塘均匀泼洒。水花苗阶段容易感染车轮虫、指环虫、三代虫和锥体虫等寄生虫，应采用"鳅虫速灭2号"和"混刹灵"防治1～2次。由于泥鳅苗小、抵抗能力差，苗期还应防止泥鳅苗感染细菌和病菌，一般采用"泥鳅菌毒克"泼洒防治，"泥鳅菌毒克"的用量为每亩水面200～250毫升，防治效果比较明显。

85. 泥鳅苗如何分塘？

泥鳅的常规养殖一般每亩投放泥鳅水花苗40万～50万尾，有些养殖户前期池塘准备不充分，先利用一些池塘培育泥鳅苗，为了抓住良好季节大量培育，可以将池塘培育密度增加，每亩池塘投放水花苗100万～150万尾。当泥鳅苗培育20～30天，逐步将泥鳅苗分至其他池塘养殖，这样每亩培育池塘的苗可分成2～3亩养殖。采取这样高密度的养殖，对肥水、水质调节、溶氧及投料等管理应特别加强，否则成活率会受到影响。

泥鳅苗分塘前，应对准备投放泥鳅苗的池塘进行杀虫、消毒处理，然后进行适当培水，处理方法同培育池塘的准备，分塘前对准备下苗的塘水用泥鳅苗试水，确认泥鳅苗正常后方可起苗投放。分塘时采取在培育池塘中下密眼地笼起捕，但取笼时间间隔不宜过长，以免泥鳅苗在笼中受伤。投地笼后注意观察，凡笼中有一定量的泥鳅苗就

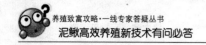
应起笼，将泥鳅苗迅速转移至其他池塘。一般规格偏大的泥鳅苗，如果泥鳅苗呼吸器官已发育完善，能蹦水呼吸空气时，用地笼起捕的效果均较好。对于规格偏小的，如2厘米左右的泥鳅苗要转塘，用地笼捕获效果要差些，一般可采用虹吸法收集，转塘前在放管吸苗的附近区域投料。虹吸泥鳅苗时，用5～8厘米的管将水及苗吸到比培育池塘稍低的地方，出水口用一张5～6米^{2}以上的网布接苗，网布须浸入水中，吸出的苗及时收集投放到其他池塘。若池塘平整，而且需要将全塘的泥鳅苗全部捕捞出，则可采用拉网起捕（彩图34）。

第七章　泥鳅养殖管理

第一节　池塘养殖管理

86. 如何避免购到劣质泥鳅苗？

对于刚开始养殖，特别是养殖面积不大的养殖户，一般靠购买泥鳅苗开展养殖，至于购买泥鳅开口苗或是泥鳅寸苗，应根据自己掌握技术的程度酌情考虑。购买泥鳅开口苗养殖，苗种投入资金较小，但需要全面掌握泥鳅养殖技术，特别是泥鳅苗的培育方法，充分做好前期准备工作，把握好每个技术环节，当泥鳅苗达寸苗以上规格时，管理相对粗放。相比较而言，直接购买泥鳅寸苗开展养殖，前期的准备工作及整体养殖管理要粗放一些，养殖周期也比投放开口苗要短20~30天，但购买寸苗的资金投入要高得多。

无论是购买哪种泥鳅苗，一定要找养殖时间长、有技术实力、信誉较好的养殖单位，对供种单位多进行了解，以确定泥鳅品种纯正，泥鳅苗质量过硬，保证泥鳅苗质量才是成功养殖的前提。养殖户去养殖单位参观考察，不是听他们说什么，而是要用心看他们在做什么，他们养殖基地实力怎么样，他们技术团队怎么样，他们养殖的效果怎么样。对泥鳅品种进行仔细了解，若没有优质的繁殖种鳅，哪来的优质泥鳅苗呢？许多养殖户只注重泥鳅苗价格，对其他方面并未重视，第一要求是价格要便宜，这就容易导致泥鳅苗质量不保，泥鳅苗的成活率低，泥鳅的生长速度缓慢，饲料的转化率不高，后续服务跟不上等现象。大家要知道，物美价廉只是一种营销手段，从古至今都是一分价钱一分货，再美的语言也弥补不了质量的缺陷。在开展泥鳅养殖中，苗种投入在整个泥鳅养殖中只占很小一部分，大部分投入是在后面的饲料和管理上。如果苗的质量保证不了，后面的工作和效果将大

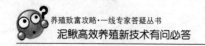

打折扣，大家千万不要因小失大。

87. 泥鳅苗投放池塘多大密度合适？

池塘养殖泥鳅的投放密度视水源条件、池塘水深、泥鳅品种和泥鳅苗规格大小有所不同。如果水源条件好，换水方便，池塘水位较深，或是有较好的处理水质方法，密度可适当投放高一些，反之则密度减小一些。泥鳅苗规格越小，其投放密度越大，而泥鳅苗规格偏大一些，则投放密度可减小一些。

台湾泥鳅由于采食量大，生长速度快，日常活动十分活跃，养殖台湾泥鳅一般池塘水深应达 1 米以上，水花苗每亩投放密度为 40 万～50 万尾，寸苗每亩投放密度为 6 万～8 万尾。如果池塘水深达 1.5 米以上且水源较好，泥鳅苗投放密度还可以适当增加。养殖大鳞副泥鳅或是青鳅，由于其生长速度慢一些，养殖周期相对较长。养殖大鳞副泥鳅或是青鳅的池塘水深要求 60 厘米以上，水花苗每亩投放密度为 50 万～60 万尾，寸苗每亩投放密度为 10 万～12 万尾，如果池塘水深达 1 米以上且水源较好，还可以适当增加泥鳅苗投放密度。以上投放密度，为一直养殖到达上市销售规格的投放密度。

88. 泥鳅对营养的需求如何？

泥鳅属杂食性鱼类，泥鳅随着生长发育，在不同的生长阶段，泥鳅的食物组成也有所不同，在泥鳅体长为 5 厘米以下时，以摄食原生动物、轮虫和水蚤等动物饵料为主。当泥鳅苗体长达 5 厘米以上时，逐步转变为摄取小型水生昆虫、丝状藻和植物碎片等杂食。成鳅阶段逐步以植物性饵料为主。饲料中蛋白质是维持泥鳅生命和生长最关键营养物质，也是饲料成本中最大的部分。泥鳅对蛋白质和氨基酸的需求受年龄、个体和水生环境影响，泥鳅幼苗阶段，饲料中蛋白质含量一般为 40%左右，成鳅阶段一般为 33%左右。脂肪是泥鳅重要的能量来源，饲料中脂肪含量一般为幼苗 5%、成鳅 3%左右。另外，维生素、矿物质也是维持泥鳅生命必需的物质，是维持泥鳅健康、促进生长发育和调节生理机能所必需的营养元素。泥鳅饲料的能量、必需的氨基酸、碳水化合物、维生素及矿物等营养元素等，达到营养平衡，才能满足泥鳅的生长需要。

89. 投喂饲料如何选择？

泥鳅苗选择适当的配合饲料，是整个泥鳅养殖过程中最关键的一个环节。它直接关系泥鳅的生长和泥鳅池后期的水质。选用的饲料颗粒的粒径一般为1～3毫米，无异味。配合饲料根据其入水后是否沉入水底分为沉性饲料和浮性饲料。

在养殖实践中，选用两种饲料来投喂泥鳅的养殖户都有。对于刚刚开始从事泥鳅养殖的养殖户，究竟应该选用哪种饲料来投喂泥鳅呢？如果单从价格来看，同一营养标准的两种饲料，由于膨化饲料的加工工序稍多，1吨膨化饲料的价格一般要比硬颗粒饲料贵1000元左右。但部分养殖户为什么要放弃相对便宜的硬颗粒饲料而选择价格较高的膨化饲料，其主要原因有：首先是因为部分养殖者使用的池塘底质较软或有较多的淤泥，若使用硬颗粒饲料投喂，饲料容易掉入泥中，使投喂的饲料浪费率比较高；还有部分新养殖户，因缺乏准确把握投料量的实践经验，投喂膨化饲料可以从水面看见泥鳅吃食，可以根据泥鳅的吃食情况来准确把握投料量。由此可见，投喂硬颗粒饲料的养殖户一般是池塘底质较硬且具有一定的养殖经验的养殖户。对于初养者和和池塘底质较软的池塘，最好选用膨化饲料进行投喂。选择饲料还应注意饲料颗粒的大小，若给泥鳅投喂颗粒过大的饲料，泥鳅不容易把饲料摄入口中，会影响投食的效果。若选择粒径很小的饲料，虽然无论泥鳅大小都可以采食，但小颗粒饲料下水后漂浮于水面的时间较短，时间稍长会沉入水底，不利于泥鳅采食而造成浪费。因此，我们应根据泥鳅苗的大小，选择比较适宜的颗粒大小，以方便泥鳅的采食和尽可能避免浪费。泥鳅寸苗阶段采用粒径为0.5毫米的饲料，随着泥鳅苗个体长大，逐步选择粒径为1～2毫米的饲料。在水产养殖比较发达的地区，鱼饲料的品牌和种类都很多。对于初涉养殖的新手，不能只看价格选择饲料。由于饲料的品质好坏直接关系着泥鳅的生长，而饲料的品质又是很难通过肉眼来鉴别的，尤其对于一个养殖新手而言就显得更加困难。比较好的办法是直接选择比较知名的品牌，这样可以在养殖过程中少走一些弯路。对于一些养殖者反映较好的饲料或一些经销商推荐的饲料，若条件允许，可以先少量购买，用一口小池试喂一段时间，确认其效果后再批量购买。目前，水产饲料上有专门的泥鳅饲料，根据不同阶段、不同用途的泥鳅选择合适的饲料，针对有些养殖户当地没有泥鳅的专用料，这里我们推荐几种供大家选择：鲤鱼饲料、罗非鱼料和蛙料等。

泥鳅是杂食性的鱼类，几乎所有的鱼饲料和虾料都可以用于养殖泥鳅。使用部分蛋白质含量较高的特种鱼饲料可以明显提高泥鳅的生长速度，但饲料成本也会有所增加。效果较好且比较经济的泥鳅饲料的蛋白质含量在36％左右。在饲料品牌众多且有较多选择余地的地方，应尽量选择大厂的产品，虽然价格可能会比一些小厂的贵，但这样质量有保证。

90. 池塘养殖如何投料？

在进入正常的育肥投喂阶段后，为了便于管理，我们通常要按照"四定"投饵的要求来开展泥鳅的投喂。

（1）定时 泥鳅在一昼夜中有两个明显的摄食高峰，因此，一般成鳅养殖每天多是投喂两次，分别在两个摄食高峰进行投饵，即6：00～8：00和18：00～20：00。

（2）定量 每天的投喂量根据泥鳅的生长状况、摄食状况、水温、水质和天气等情况随时调整，泥鳅具有贪食性，所以人工饲养一定要控制好饵料的量，投喂量以每次2小时左右吃完为准，初期日投饵量为鳅苗总体重的0.5％～1％，中期为泥鳅体重的2％～3％，后期3％～4％。泥鳅在夜间摄食量较大，下午投饵量占全天投喂量的70％。泥鳅在水温15℃以上时食欲逐渐增加，20～30℃是摄食的适温范围，25～28℃食欲特别旺盛，当水温高于30℃或低于12℃以及雷雨天时，泥鳅食欲减退，此时应少喂，甚至停喂。喂食量要尽可能的统一，两天的喂食量不能相差 20%，否则，很容易引起泥鳅的肠炎，即使某一天泥鳅食欲特别旺盛，也不能超过前一天的 30%，否则第 2 天泥鳅就会出现大批的死亡，这些死亡的泥鳅都是被撑死的。如果遇到阴雨天，饲料要适当少喂些，阴雨天一过，饲料的投喂量要慢慢地增加。饲料的投喂量开始占泥鳅总体重的 0.5%～1%，随着泥鳅个体的增大，逐步增加投喂量，慢慢增加到 3%～4%，秋后天气慢慢变冷，饲料在逐渐减少，直至不喂。同时还要注意在喂食的过程中绝对不能投喂发霉变质的饲料，否则泥鳅会出现死亡。

台湾泥鳅生长速度快，营养需求高，更需选择营养均衡、蛋白优质的配合饲料，蛋白要求在 36%～40% 为宜。泥鳅规格在 0.5～1 克时，每天投喂 3 次，每天投喂量占泥鳅体重的 8%；泥鳅规格在 2.5～5 克时，每天投喂 2～3 次，每天投喂量占泥鳅体重的 7%；泥鳅规格达 5～10 克时，每天投喂 2～3 次，每天投喂量占鳅体重的 5%；泥鳅规格达 10 克以上时，每天投喂 2 次，每天投喂量占泥鳅体重的 3%～4%，每天实际投喂量应根据天气、温度和水质等情况适当调整，投料后注意观察泥鳅的采食情况，以投料后 1 小时左右吃完为宜。台湾泥鳅在全国大多数地区养殖常年均要投喂，只是冬季水温低、采食量较少，所以冬季只要发现泥鳅有活动，就应投喂饲料，投喂量视其具体采食量适当调整。

（3）定质 饲料必须新鲜、营养丰富且组成相对恒定，严禁投喂腐败变质的饲料；泥鳅采食积极，食谱很广，但是仍要保证动物饵料的新鲜，配合饲料第一要保证其质量，最好是购买有品牌保证的饲料，不买小作坊的配合饲料。开始投喂配合饲料时，用的是哪个品牌的后面最好是还用该饲料，以免中途更换而影响泥鳅的采食，霉变结块的饲料绝对不能用，以免导致中毒。

（4）定点 饵料实行定点投喂，可使泥鳅形成集中摄食的习惯，减少饵料浪费，也便于人工观察泥鳅摄食情况，及时调整饵料投喂量。池塘围网养殖面积稍大的可多设几个食台，以防止食台少而造成泥鳅过于拥挤抢食，或者直接沿池边圈撒饲料（彩图 35），浮性饲料不用设立食台，而是放置投料浮框，沉性饲料最好设立食台。稻田养殖泥鳅可将投料点设立在交接点的鱼沟中，同样达到定点投喂。水泥池养殖由于水泥池面积不大，可全池撒入饲料或者只是在整个池边撒饲料，因为水泥池底部是水泥，为无土环境，所以，沉性饲料和浮性饲料均可不用设立食台。

投喂浮性饲料的浮框制作方法：选择直径为2.5厘米的线管，将线管锯成60厘米的段，每4段管用4个弯头粘接上即成一方形浮框，这种小浮框可用于投喂小规格泥鳅苗使用。投喂大规格泥鳅的浮框，可采用直径为5厘米的PVC管，将管锯成1.5～2米的段，每4段PVC管用4个弯头黏接上即可。投料浮框做好后，放置到池塘边用竹竿固定，投喂时将浮性饲料投到浮框中，避免被风吹走，以达到泥鳅定点采食，便于观察和掌握泥鳅的采食情况。

遇到雨天，池水的pH由于雨水的影响而发生变化，此时泥鳅最容易患上肠炎。所以，在雨后喂食，饲料中一定要拌上"泥鳅炎立停"防止肠炎，在拌药的时候，最好能加上"鳅保康"一起使用，这样效果会更好。

在整个养殖的过程中，偶尔有泥鳅出现死亡，以500千克泥鳅为例，一天的死亡只要不超过4条都属于正常现象，这是其他水产养殖所少有的现象。原因是泥鳅生性好动，难免会有皮肤类的疾病。而且泥鳅很贪食，且肠道细，很容易出现肠道类的疾病。但如果死亡过多，就应分析原因，及时采取防治措施。

91. 泥鳅池塘可以混养鱼吗？

养殖泥鳅的池塘混养鱼，仅是在养殖中后期少量放一点鳙或鲢，因为鳙和鲢是典型的浮游生物食性的鱼类，主要滤食枝角类、桡足类等浮游动物，也吃部分硅藻和蓝藻类等浮游植物和饲料，混养殖少量的鳙或鲢有助于后期水质的控制。如果池塘投放鳙或鲢，一般每池投放10条左右为宜，不宜过多投放，这是因为池塘水体主要是满足泥鳅生活，加之鳙或鲢耗氧量高，如果投放量大而遇水体溶氧低又没及时增氧，鳙或鲢会出现缺氧死亡，再者是鳙或鲢也采食饲料，会造成饲料利用率低的现象。当然养泥鳅的池塘更不能混养鲤和鲫等饲料消耗高的鱼类，一是因为其采食厉害而与泥鳅抢食，二是鲤、鲫等的经济价值不高而造成饲料浪费，三是池塘水体出现缺氧现象也会造成鱼大量死亡，所以不要想在泥鳅池塘混养鱼来增加收入。

另外还需注意的是，以前有养殖户日常投喂饲料的量很大，饲料也基本吃光了，但到收获的时候泥鳅长势不太好，却收获了许多小杂鱼。所以，池塘容易滋生小杂鱼，特别是养殖期较长的池塘，养殖中应留意观察，一旦发现有小杂鱼，就应采用投放地笼捕捞小杂鱼，以保证泥鳅正常采食，提高饲料利用率。

92. 泥鳅育成阶段会缺氧吗？

当泥鳅苗体长达到3厘米以上时，逐步进入育成阶段，这时投喂颗粒饲料，管理也相对较为粗放，但许多养殖户一直担心泥鳅缺氧而发生死亡。每年全国都有发生缺氧死鱼的现象，有的养殖户在一个晚上池塘的鱼因缺氧全部死光。在养殖泥鳅中会发现，当泥鳅苗达寸苗规格（体长3厘米），当天气变化，特别是要下雨前，泥鳅苗会窜到水面，还会听到蹦水时发出"啪啪"声。这是因为泥鳅不仅能用鳃和皮肤呼吸，还具有特殊的肠呼吸功能，泥鳅可以把空气吞进肚子里，通过肠道进行气体交换，所以，下雨之前当水体溶氧不足的时候，泥鳅会浮到水面，摄取空气中的氧气，故而发出"啪啪"声。因此，泥鳅有"气候鱼"之称，泥鳅在寸苗以上规格，不会因为水体缺氧而发生死亡。这也是为什么池塘水体溶氧不足时，混养的鳙或鲢出现死亡而泥鳅一点事也没有。池塘养鳅发生缺氧时，泥鳅会游至水面吞食空气，进行肠道呼吸，即使溶氧低于0.16毫克/升，泥鳅仍不会出现缺氧死亡。虽然泥鳅不会因缺氧而发生死亡，但是有条件者若能适当增氧，提高水体溶氧量，有助于提高泥鳅的生长速度，也有助于提高饲料的转化率，降低养殖成本。

93. 泥鳅如何越冬？

秋季天气转凉，水温也在逐渐下降。当水温下降到25℃以下时，就要考虑适当地减少投喂了。一般来说，水温在20～25℃，投喂量为泥鳅体重的1.5%～2%；水温在15～20℃，投喂量为泥鳅体重的0.5%～1.5%；水温在10～15℃，投喂量为泥鳅体重的0.2%～0.5%；水温在10℃以下时也要投喂，只是投喂量应在0.5%以下。在秋季的投喂过程中，投喂量要慢慢得减少，不能太快，否则泥鳅会变瘦。台湾泥鳅采食量大，而且秋冬季相对大鳞副泥鳅和青鳅更为活跃，每天的投喂量也相对要多一些。秋季投喂总的原则是投喂量稍微多一点，不然泥鳅会很难有一个强壮的身体越冬，当然具体的投喂量根据泥鳅的采食情况适当调整。在北方地区秋季除了投喂以外，还要注意雾天的时候要适当增氧或换水，以增加池水中的溶氧，防止泥鳅出现缺氧死亡。

冬季随着天气的慢慢转寒，泥鳅的养殖已经接近尾声。但是只要水温在6℃以上，池塘水不结冰，就要投喂少量饲料，投喂量一般占泥鳅体重的0.05%～0.1%。这样可保持泥鳅到了春节的时候，也不会太瘦。养殖台湾泥鳅比较好判断，只要发现泥鳅有到水面活动，均要进行投喂，投喂量看其采食情况适当增减，全国大部分地区一般冬季除下雪天，气温骤降时，台湾泥鳅进食很少，其余时间均会采食。有的地区冬季结冰，在结冰的时候，还要注意适当破冰，以防止泥鳅缺氧。

池塘养殖泥鳅由于是有土养殖形式，所以很多人担心冬季泥鳅会钻入泥中，便在冬季到来之前将泥鳅全部打捞放入到网箱或较大的容器中进行暂养。但很多养殖户由于准备工作做得不好，网箱或容器不光滑，而且暂存的密度又较高，往往出现泥鳅感染发病，暂养殖时间稍长泥鳅掉秤厉害。其实，只要水温在1℃以上、水体深度在50厘米以上，泥鳅一般都不会钻泥冬眠。为了让泥鳅安全越冬，冬季池塘水位应尽量保持深一些，这样有利于池塘水温稳定。在冬季低温条件下，只要不遇上雨雪天气，仍然要进行少量的投喂，以防止泥鳅越冬会掉膘，出现重量减轻，影响养殖效益。全国大部分地区（包括江苏北部）的泥鳅在冬天都可自然越冬，对于一些冬季实在太寒冷的地方（如辽宁），池塘水面结冰较厚，则可考虑将泥鳅转入大棚或温室内越冬。

第二节　水质管理

94. 泥鳅养殖水位保持多少适宜?

养殖泥鳅池塘水体深度，与投苗时的季节水温、泥鳅品种和泥鳅苗规格有所不同。总体上是泥鳅苗规格小，水温不高，池塘水位可以浅一些，反之则池塘水位应保持深一些。在春秋季池塘水温不超过25℃时，投放泥鳅水花苗的水深可以在50厘米左右，投放泥鳅寸苗的水深70～80厘米；若是在夏季水温高于25℃情况下，投放泥鳅水花苗的水深应在70厘米以上，投放泥鳅寸苗的水深80厘米以上为好。养殖过程中随着泥鳅苗个体逐渐长大，水位应逐步提升。泥鳅养殖中后期，养殖大鳞副泥鳅和青鳅的池塘水位，一般应保持80～100厘米；养殖台湾泥鳅的池塘水位应保持在100厘米以上。

池塘养殖水深原则上是春秋季水温不高可以浅一点，而在水温较高的夏季和水温较低的冬季，池塘水位应尽量深一些。夏季水温较高，如果水位较浅，水温会过高，池塘表面水发烫，泥鳅活动及采食下降，生长速度减缓，甚至有可能出现死亡。冬季由于气温较低，池塘水位浅了，不利于保温，泥鳅会钻到泥里躲藏，容易变瘦，而且起捕泥鳅较困难。

95. 养鳅对水质有何要求?

水质对养殖泥鳅的作用十分巨大，正所谓"养鱼先养水"，特别是集约化高效养殖泥鳅，就必须为泥鳅提供良好的生态环境，因为泥鳅的生长发育，与生存的环境关系十分密切，集约化高效养殖泥鳅的水质与养殖其他鱼类一样，要达到"肥、活、嫩、爽"。池塘水色浓，藻类数量高，水色鲜嫩，易消化的浮游植物多，水肥而不老；水质清爽，水色不太浓，透明度不低于20厘米。良好的水色是透明度在20～30厘米，藻类含量适中，硅藻、隐藻等较多，蓝藻较少，藻类种群处于生长期，其他悬浮物不多。这样水中藻类光合作用才强、水中溶氧充足、有益藻类丰富，有害物质含量较低，有利于泥鳅健康生长，也有利于提高饲料的转化率。

96. 池塘水质好坏如何观察？

养殖泥鳅的池水最好保持一定的肥度，但并不代表就可以使用污水养殖泥鳅。泥鳅对水中溶氧的要求比较低，但水体中长期处于较低的溶氧状态，会使泥鳅排泄的粪便以及部分剩料不能及时被氧化，从而产生一些有毒有害的物质。泥鳅通过皮肤或吃食摄入一些有毒有害物质，就很容易导致产生疾病甚至出现死亡。当水质恶化，水体氨氮、亚硝酸盐、硫化氢等指标超标，会引起泥鳅中毒死亡。因此，我们在开展泥鳅养殖时，同样要注意做好水质管理。

（1）良好水质的基本指标　有关专家对水产养殖水体的研究表明，如果水质的一些基本指标超出生物的适应和忍耐范围，轻者养殖动物生长速度缓慢，成活率降低，饲料系数提高，经济效益下降；重者可能造成养殖动物的大批死亡，引起严重的经济损失。水质对养殖的水生动物起着至关重要的作用。正常的养殖水体（未被工业污染），影响水质的主要指标是 pH（酸碱度）、溶解氧、氨氮、亚硝酸盐和硫化氢 5 项指标。重金属、农药和化工污水等污染的水源，如果超出《渔业水质标准》，则不能用于水产养殖生产。对养殖用水，必须定期进行全面科学的检测。养殖用水的主要检测指标在泥鳅小苗的培育中有详细介绍。

有条件的养殖者通过使用水质检测的试剂盒对养殖水体进行定期检测，便可以准确地了解水体情况，并有针对性地采取改良措施，对搞好水产养殖是非常有帮助的。但对于绝大多数的养殖者而言，不一定具备检测水质的条件，这就需要依靠一些经验性的判定方法来做好水质的管理。

（2）良好水质的经验性判定　会看水色，会判定池中水的肥力，懂得按科学的方式调节水质，是养殖水产动物所必须要掌握的技能。对于养殖泥鳅，要求是肥水，也就是说当泥鳅生活在有机质比较丰富的水域中时，其生长速度要快一些。池塘养殖要达到高产的目的，除了要有理想的池塘条件、优质的饲料和健康的鱼种及合理的投放密度外，还必须要具备良好的水质。

(3) 池塘水质变差的征兆　池塘水质变坏多半发生在高温季节，由于腐殖质的发酵分解及水生植物繁殖过盛所致。①水色呈黑褐色带混浊，是池中腐殖质过多、腐败分解过快所引起。这种水往往偏酸性，不利于天然饵料的繁殖和泥鳅的生长。②水面出现棕红色或油绿色的浮沫或粒状物，一般是蓝绿藻大量繁殖所致，而蓝绿藻类又不能被泥鳅作为饵料利用，反而消耗养料，拖瘦水质，抑制可消化藻类的繁殖，影响泥鳅的生长。③水面有浮膜（俗称"油皮"），是水体中生物死亡腐败后的脂肪体，黏附尘埃或污物后形成的。多呈灰黑色，鱼吞食后，不利于消化；同时，浮膜覆盖水面也影响了氧气溶于水中。④水面上常有气泡上泛，水色逐渐转变，池水发涩带腥臭，是腐殖质分解过程中产生的碳酸、硫化氢、氨氮、沼气造成，这些气体都具有毒性，对水产养殖动物有一定的危害。⑤泥鳅的活动反常，有时泥鳅浮于水表层，迟迟不回沉，或吃食量逐渐减少。发生这些现象，如果检查不出鱼病，则是池水转坏的征兆。

养鳅的水也要做到"肥、活、嫩、爽"。所谓"肥"就是水体中要有较多的浮游植物，使水的颜色呈现黄绿色。民间有"肥水养肥鱼"，说的也就是这个道理。所谓"活"是指水体随外界的光照、温度的变化而出现相应的变化，池水呈现多变的颜色，特别是夏天最明显，一天之中水色也会出现明显的变化。即所谓的"早淡晚浓"或"早红晚绿"等就是指水体"活"的表现。所谓"嫩爽"是指水体肥但不能过渡到出现变质，水体的透明度保持在 25～30 厘米，即"肥而不腐"，池水肥浓适度而不污浊。比较好的池水色泽有：①草绿带黄呈绿豆汤色，浮游植物主要为绿藻类和隐藻、矽藻，有时有黄绿藻等，透明度在 30 厘米左右；②浅褐带绿色，主要是矽藻类，也是鱼最爱吃的植物；③油绿色，主要是隐藻、矽藻，部分金黄藻和绿球藻。以上几种水色，水面都不会出现水膜（俗称"油皮"），高温时不会时常出现气泡上泛，鱼的吃食活动正常，则表明水质控制得比较好。

97. 养鳅对水环境有何要求？

养殖泥鳅对水环境的要求，主要指标是指水温、溶解氧、pH 以及有害物质。

摄食生长温度是 10～33℃，最适水温范围是 22～28℃，当冬季来临、水温降到 10℃以下时，摄食活动明显减少。水温降到 6℃时，即钻入泥中开始越冬冬眠，一直要到翌年春暖花开水温回升到 10℃左右时才会苏醒并从泥中钻出来，开始游动觅食。当栖居水域干涸时，它们也会钻入稀泥中去避难。盛夏，当表层水的水温超过 34℃时，泥鳅会潜入底泥中躲避炎热，仅把头部露出泥面，不食不动，呈夏眠状态。养殖泥鳅的水体溶解氧应保持在 5 毫克/升以上，最低应保持在 3 毫克/升以上，虽然泥鳅能耐低氧，但氧含量低会使泥鳅生长速度变慢，饲料转化率降低，增大了养殖成本。泥鳅生长发育适宜的 pH 为 6.5～8，pH 过高或过低都有危害，严重者会造成死亡。水体有害物质氨氮、亚硝酸盐、硫化氢对泥鳅的影响很大，当水体氨氮超过 0.2 毫克/升，或亚硝酸盐超过 0.1 毫克/升，或者硫化氢超过 0.1 毫克/升，都会引起泥鳅患病或中毒，超过值过高则会造成泥鳅中毒死亡。

98. 养鳅池塘如何调控水质？

为泥鳅创造良好水环境的主要措施，通过前面的了解我们已经知道，除放养密度外，导致水质变坏的主要因素有池塘底质的有基质过多、残饵和排泄物等。要搞好泥鳅养殖池塘的水质管理，我们就必须从主要的源头进行治理。

（1）清塘和消毒 对于以前养过鱼的池塘，在开展泥鳅养殖之前，最好对池底的淤泥进行清理，对底质淤泥不是很厚的，也可以采取排干池水进行暴晒的方式，以氧化分解底质中的有基质。池塘投苗前的清塘消毒具体操作在池塘准备中已作详细介绍。

（2）适度投饵 对于缺乏投料经验的初养者，最好采用浮性饲料来投喂泥鳅,这样可以清楚地掌握泥鳅的采食情况。投料后应在1~2小时能被泥鳅吃完为宜,为避免剩余饵料污染水质,对于投喂后5~6个小时以上仍没有被泥鳅采食的饲料,应及时捞除,以免饲料吸水后沉底污染水质。养殖中若遇下雨等恶劣天气应减少投料或不投料,以免造成饵料浪费,同时也避免饵料污染水质。

(3) 使用微生物 在泥鳅的吃食旺季,由于泥鳅长势加快,水体溶解氧耗量大,特别是次日清晨会极度缺氧,虽然泥鳅可以通过皮肤直接呼吸空气,但是我们还是发现泥鳅有浮头现象出现,虽然没有发现泥鳅有泛塘现象,但是极度缺氧对泥鳅生长极为不利。一旦发现水质有转坏的趋势,应及时使用光合细菌进行泼洒,可以起到改善水环境,改良水质的显著效果。据有关专家对比试验,泼洒了光合细菌的试验池与使用前相比,氨氮平均降低了48.6%;亚硝酸盐平均降低了71.9%。未使用光合细菌的对照池,由于水环境继续恶化,氨氮增加了26.4%;亚硝酸盐平均增加了45.5%。试验池与对照池相比氨氮、亚硝酸盐分别降低34.5%和71.9%。

微生物的使用效果不像使用化学药物那样立竿见影,但持续使用后,其改善水环境的显著效果却是毋庸置疑的。养殖池塘在使用微生物制剂后,一般2~3天即可通过检测试剂检测到相关指标改善。一般每10~15天泼洒1次光合细菌,可以显著改善水环境,明显提高水质指标,为泥鳅创造良好的生存和生长环境。

在养殖的过程中,一般采取勤加新水入塘,以避免池塘水出现污染情况,若池塘水颜色偏深,水体中氨氮、亚硝酸盐、硫化氢等有害物质超标,应立即采取换水处理,换水量视池塘水污染状况决定。如发现水色发黑或水质过浓时,应及时加换池塘水。一般7~10天换水1次,具体换水次数及换水量视水质状况而定。7~9月当水温超过30℃时,每星期更换新水2次以上,并增加池水深度10厘米左右;其他时间视水位和泥鳅的反应情况加注新水。如发现泥鳅大量上蹿下跳,常游到水面浮头"吞气"时,表明水中缺氧。泥鳅具有独特的肠呼吸功能,因而基本不会造成缺氧死鱼的现象,但长时间的蹦跳会消耗体力,影响泥鳅的生长,因而最好及时加注新水或增氧缓解缺氧现象。

99. 养鳅池塘如何换水？

池塘投苗前需要肥水，使有益藻类的数量及质量处于较佳状态，水色不太浓也不太淡，颜色鲜嫩、有光泽，除污功能明显，处于稳定状态。至于每天每亩池塘施肥多少合适，每口池塘施肥是不一样的，要根据水色来决定。如果透明度高了、水色淡了、pH 降低了，说明肥料不足；如果水体悬浮物明显增多，说明施肥过量。养鱼先养水，养水就是养护水色，良好的水色，也就是我们通常所说的藻类平衡，能够产生充足溶解氧，净化水体，清洁塘底。水色每天随着天气而变化，随着施肥而变化，随着昼夜而变化，随着上层水与下层水的温差而变化。此外，消毒、加水等也会引起变化。养殖初期肥水容易，中后期保持良好水色难度会大一些，养殖者应每天坚持巡塘，亲自观察水色变化，否则很难对水质进行正确判断。水色每天发生的微小变化，只有每天巡塘的人清楚，与其他人是很难说明白的。

随着泥鳅个体不断长大、池塘投料量增加、泥鳅的排泄物和分泌物增加，水体肥度也会逐步增加，水色会逐步变浓。若不注重调节或换水，水质会出现污染现象。水质出现污染的池塘，泥鳅长势较慢，而且饲料转化率也会降低，严重者会引起泥鳅慢性中毒，甚至出现死亡。日常养殖中应密切注意水质变化情况，当水色有变浓的趋势时，应泼洒光合细菌、EM 等微生物调节。因使用微生物调节需要一定时间，不要等到水色很浓时才使用，否则会觉得微生物不起作用。经常使用微生物调节水质，可以让水色保持较好的状态，当使用微生物制剂后，水色仍有逐步变浓的趋势，则应考虑适当换水。

养殖过程中多久换一次水，是没有固定时间的，应根据池塘的水色而定。当水色变浓，池塘水质变差就应及时换水，换水时可结合排水面浮藻及漂浮物，取一段比池塘水位低 0.5～1 厘米的管插到排水管变头上，这样在排水时一起将水面的浮藻及漂浮物排出池塘。当水位与排水管口位置相平时，再取一段稍短的管换上，继续排水。若浮藻及漂浮物基本排完，或池塘水面没有浮藻及漂浮物，可将排水管下端钻一些小孔（以孔不逃泥鳅为度），然后插到弯头上，排除池塘下层水。排水深度根据水色浓度和加水的水温而定，若水色浓度一般且加水水温偏低（如地下水），则排掉20厘米左右；若水色较浓且加水的水温与池塘水温接近，则考虑多排掉一些。排掉部分塘水后即时加新水，特别是池塘埂壁用水泥硬化过的池塘，如果池壁晒干变得粗糙后再加水，易造成泥鳅受伤。加水时应从离塘边1米以上位置加入，若从塘边直接流入，泥鳅会冲水而大量涌到塘边，易引起泥鳅受伤。最好在入水处钉一木桩，木桩上钉一块木板，入水冲到木板上再洒到池塘。如果加入的水是河流、沟渠或池塘的自然水，应在出水口处套一网袋过滤，防止小杂鱼等进入。水位浅一些的、养殖密度高一些的池塘整个养殖季节换水次数越多，若是水源条件差，则应考虑池塘建深一点，养殖密度适当低一点，不然水质保持不好，整体养殖效果将受到直接影响。

第三节 稻田养殖管理

100. 养鳅稻田如何选择水稻品种？

要想在稻田养殖模式中获得双赢，就必须选择合适的水稻品种。现在我国的水稻品种很多，有点让人应接不暇，选择水稻品种时应当注意以下几方面因素：不同的水稻品种，具有不同的生活习性和生理特性，对生长环境的要求也是不一样的。因此，在选择时，首先因当考虑的是该水稻品种是否适合当地的生长条件。在水稻品种中选择一种最适合当地栽种的品种，是获得高产的前提条件。其次再考虑水稻的产量。再次就是所选择的水稻植株的特征是否适合开展稻鳅混合种养。开展混合种养，所需要的水稻须具有耐肥力强、矮秆、抗倒伏、分蘖力强、生长期长、高产优质、抗病性能好的特点。在此，为大家推荐以下水稻品种。

(1) 皖稻68 皖稻68（120-5）系江苏省武进县稻麦育种场杂交选育而成，亩产均在550千克左右，1997—1998年大田生产均达555～650千克，该品种产量高、米质优、糯性好，是食品加工，造糯米酒等首选品种。该品种属中熟中粳糯，全生育期146天左右，株高 90 厘米左右，株型紧凑，分蘖力较强，活熟到老，亩成穗 23 万~25 万，每穗 100 粒左右，结实率 93％左右，籽粒饱满，千粒重 25 克左右，抗倒能力强，高抗白叶枯病，耐肥性好，后期转色好。

（2）淮稻 6 号　淮稻 6 号，原代号"淮 6329"，由江苏省淮阴市农业科学研究所用武育粳 3 号//中国 91/盐粳 2 号复交选育而成，是一个集高产、稳产、优质于一体的优良中熟中粳新品种。淮稻 6 号株高 95 厘米左右，茎秆粗壮，抗倒性强。株型集散适中，叶片较挺且配置均匀。分蘖性较强，每亩最高茎蘖数 30 万~32 万。茎蘖生长整齐，成穗率高，一般达 75％~80％。穗粒协调，平均每亩有效穗数 24 万左右，每穗实粒数 100~120 粒，千粒重 28 克上下。多年多点中间试验鉴定，对白叶枯病、稻瘟病均表现良好的田间抗性，仅极少数试点对稻瘟病表现轻感。落粒性中等，后期转色好，不早衰，秆青籽黄，熟色熟相俱佳。在淮北作麦茬稻种植，全生青期 150 天左右，比镇稻 88 早熟 1 天。据农业部稻米质检中心 1999 年春对 1998 年稻谷检测结果，12 项指标中糙米率、整精米率、透明度、胶稠度、碱消值、蛋白质含量等 9 项达部颁一级优质米标准，垩白度、直链淀粉含量两项达二级优质米标准。另一项垩白率 12％，也接近二级优质米标准。1999 年秋，江苏省种子站统一取样送农业部稻米质检中心分析，总评分为两个 60 分以上的中熟中粳品种之一，比镇稻 88、泗稻 9 号均高出 5 分，比早丰九号高 3 分。米饭洁白，软硬适中，冷后不回硬，适口性好。

（3）武育粳　武育粳有许多品系，不同的品系具有一定的差异，但是整体来说在植株的生长上面没有太大的差别。在此，给大家列举一些武育粳的品系，以供选择。

①武育粳 3 号：武育粳 3 号由武进稻麦育种场培育而成，自培育至今已有近 20 年的种植历史，因其米质优、适应性广、熟期适中、稳产性好而深受群众喜爱。该品种全生育期 150 天左右，属迟熟中粳类型。该品种米质外观有一定腹白率，但食味品质一致公认佳。产量表现一般 550 千克/亩，在苏北高产栽培下可达 650 千克/亩以上。株高 88 厘米左右，株型紧凑，茎秆韧性强，叶片短挺，叶色淡绿。分

蘗性中等，生长清秀。一般亩穗 25 万左右，每穗总粒 100 粒左右，结实率 95％，千粒重 27～28 克。抗白叶枯病和基腐病，纹枯病中抗。

②武育粳 4 号：武育粳 4 号，是由武进市稻麦原种场以复羽 1 号（复虹 30/羽后锦）/8301 杂交育成的迟熟中粳水稻品种。品种审定编号：苏种审字 168 号。经过近年来的不断改良，其综合性状进一步优化。适宜在沿江、丘陵地区中上等肥力条件下种植。该品种全生育期 152～155 天，株高 95 厘米，叶色淡绿；分蘗性强、成穗率高，每亩有效穗 22 万～25 万，每穗总粒数 130 粒左右，结实率 90％以上；千粒重 27～28 克，一般亩产 600 千克，高产田亩产 650 千克以上。高抗白叶枯病、中抗纹枯病、稻瘟病，2005—2006 年大面积种植表现抗条纹叶枯病，茎秆韧性好，抗倒性强。食口性好，有清香味，达国家 2 级优质稻米标准。

③武育粳 18 号：原名"武 2015"，属于中熟晚粳稻品种。由常州市武进区稻麦育种场以武香粳 9 号//中花 39///秀水 42/Z20//中花 8 号杂交，于 2001 年育成。该品种植株高 105 厘米左右，较对照迟熟 2～3 天。株型集散适中，长势繁茂，群体整齐度较好，穗形较大，落粒性中等，后期熟相较好，抗倒伏性较强；抗白叶枯病。

以上介绍的几个水稻的品种都是比较优良的水稻品种，而且这些水稻的适应性比较强，栽种范围比较宽广。非常适合开展稻田养鳅的养殖户选用。

101. 养鳅稻田需要培水吗?

稻田混养投放的是泥鳅寸苗，虽说泥鳅苗的适应能力和抵抗能力增强，但为其创造一个适宜和安全的生活环境，更有助于提高生长速度和抗病能力，进一步提高其成活率。栽种秧苗前 2～3 天，每亩稻田用"鳅塘净"100 毫升兑水泼洒，由于"鱼沟"部分水深一些，应适当多洒一点。使用"鳅塘净"隔 1 天，再使用生石灰或漂白粉对"鱼沟"区域消毒处理，每亩"鱼沟"面积使用生石灰 50 千克，或漂白粉 4～5 千克。稻田栽种秧苗后开始培水，培水主要针对养殖"鱼沟"，培水方法与池塘培水相同。培水产品种类很多，除了泼洒豆浆外，还有肥水膏、培膏、生物肥、肥水素、单胞藻激活素、磷肥、尿素和发酵后的畜禽粪便等，可根据当地实际情况选择，并采用多种产品结合的方式，以利在短期能培肥水体。培水过程中注意观察水体变化情况，适当增减培水产品使用量，以达到较好的培水效果为度。稻田培水5天后，秧苗也基本转青，这时可以逐步考虑投放泥鳅苗。

102. 稻田什么时候投放泥鳅苗？

稻田由于要栽种秧苗，如果先进行清塘后放入泥鳅苗，然后再栽种秧苗，栽种秧苗时将水位下降后，由于泥鳅苗还小，泥鳅苗不会主动到周边环沟里，而会有许多泥鳅苗滞留在栽秧的范围，栽秧苗时对泥鳅苗的损害较大。所以，建议稻田先栽种秧苗，然后再投放泥鳅苗较好。栽种秧苗后，由于栽种秧苗的面积水位较浅，还有做培水和防敌害工作困难较大，如果投放泥鳅水花苗，培育难度相当大，泥鳅苗的成活率也较低。泥鳅寸苗由于已开始采食颗粒饲料，其适应能力和抵抗能力较强，稻田投苗应投放泥鳅寸苗或寸苗以上规格泥鳅苗较为理想。

稻田混养所需的泥鳅苗，应单独设立池塘提前投放泥鳅水花苗培育，当泥鳅苗达寸苗及以寸苗以上规格，再转到已栽种秧苗的稻田饲养。或者直接从专业养殖单位购买寸苗投放到稻田养殖。稻田混养殖泥鳅，泥鳅主要生活区域为环形"鱼沟""田"字鱼沟或"井"字鱼沟，主要活动和生活面积相对较小，泥鳅苗的投密度要适当。投放密度主要根据"鱼沟"的面积和深度来定，一般投放密度为每亩稻田投放1.5万～2万尾。投放泥鳅苗时，将稻田水位适当下降一些，只让"鱼沟"内满水，投放泥鳅苗投喂3～5天后，让泥鳅苗基本熟悉采食点，养成定点采食，再加深水位至秧苗生长所需水位。

103. 稻田养殖如何喂料？

稻田养殖的泥鳅日常会采食一些昆虫，特别是为减少水稻病虫害，稻田安设了灭虫灯诱杀虫害，掉入水中的昆虫成为泥鳅的饵料，但这远远满足不了泥鳅生长需要，稻田养鳅每天还是要进行人工投料。在稻田周围环形"鱼沟"水面放置投料浮框，浮框中插一根竹竿，将浮框固定在离埂边 50～60 厘米处，将料投放到浮框中，防止饲料被风吹到稻田中而造成浪费。刚投放稻田的泥鳅寸苗投喂粒径为0.5 毫米的浮性颗粒配合饲料，以后随着泥鳅个体长大，逐步投喂粒径大一些的饲料。每天饲料的投喂次数和投喂量，参照池塘泥鳅投喂方法，具体视泥鳅每天采食情况适当调整。

104. 稻田养殖需要换水吗？

稻田水位应根据水稻或泥鳅的需要适时调节，从插秧到分蘖，田水要适当浅些，以促进水稻生根分蘖，但因泥鳅的不断长大和水稻的拔节、抽穗、扬花、灌浆均需大量水，所以可将田水逐渐加深到12～15 厘米，以确保泥鳅和水稻各自的需水量，这样的水位管理既能促进水稻的生长，也适宜泥鳅的生长。同时，还要注意观察田沟水质变化，特别在盛夏季节，应适当加注新水，以保持田水清新和水位的稳定。另外，要坚持每天巡田 3 次，观察泥鳅在田中活动、摄食和水稻的生长情况，如发现有不正常现象，应及时采取措施。做好防洪、排涝和防逃工作也是泥鳅养殖成功的关键，所以要经常检查防逃设施，看池埂是否有渗漏，发现渗漏要及时修补，同时要及时清除田埂边的杂草，随时注意天气变化情况，一旦遇有大暴雨，要及时检查进排水口及拦鳅设备是否完好，确保安全，以防逃鳅。

水稻生长需要营养，养殖中泥鳅排泄物及分泌物，大量被水稻吸收，减少了水体污染，整个养殖季节较少换水。若是投放泥鳅密度较大，当发现水质过肥或有出现污染的趋势，就应使用光合细菌等微生物制剂泼洒调节，或是适当加换新水。

105. 水稻如何施肥？

要获得水稻的丰收，对水稻进行施肥是必不可少的。自以化肥为代表的化学农业开始以后，化肥在农业生产中几乎成为了农业的命脉。每年的生产季节到来以后，化肥销售店是门庭若市，前往购买化肥的农民络绎不绝。农家肥几乎没人使用，殊不知，在农业生产中农家肥的使用不仅可以做到生态化生产，还能够获得高产和保护生态环境。开展稻田养鳅，要求既要保证水稻的丰收，又要保证泥鳅拥有良好的生长环境。我们在开展这一项目时，一般采用对稻田进行多施加农家肥，少用化肥，而且尽可能地采取少量多次的施肥方法。这样就可以有效避免化肥对泥鳅的刺激和产生的毒害，以及短时间内水质过肥而带来的水体溶氧量剧减的情况发生。

施肥采取重施基肥，轻施追肥的方法。插秧前每亩施发酵腐熟的畜禽粪便 250 千克或尿素 5～10 千克和复合肥 30～40 千克作基肥用来繁殖水蚤、水蚯蚓、摇蚊幼虫等天然饵料，促进泥鳅、水稻的生长；水稻插秧后至 8 月中旬，根据水稻、泥鳅生长情况，每隔 15 天每亩稻田每次追施 5 千克左右鸡、猪粪等有机肥作追肥，以培肥水质。也可以使用化肥做追肥，但要掌握用量，以免造成泥鳅中毒现象，几种常用化肥安全用量每亩分别为：硫酸铵 10～15 千克，尿素 5～10 千克，过磷酸钙 1～2 千克，硝酸钾 5 千克。

106. 鳅塘水稻如何防治病虫害?

为提高水稻抗病力，尽量不使用农药，除选择抗病力强的稻种外，在水稻育秧苗时，采取沼液浸种，可更有效提高水稻抗病能力。具体做法是将稻种用沼液浸泡 12 小时，捞出稻种用清水冲洗后再将稻种用新的沼液浸泡 12 小时，最后捞出稻种用清水浸泡。稻种经过沼液处理，可促进苗齐苗壮而且水稻不易发生病害。

为减少稻田病虫害，可在稻田安置太阳灭虫灯诱杀，水稻田害虫发生种类相对较为单一，主要是稻飞虱、稻纵卷叶螟、螟虫及代别重复叠加。太阳能灭虫灯对稻飞虱、稻纵卷叶螟、大螟均表现一定的诱杀效果，以病虫害发生高峰期的 8～9 月较为明显，温度高诱杀率高，灭虫灯对水稻螟虫（如大螟、二化螟）诱杀效果也较好。

若确需用农药防治水稻病害时，应加深田水，保持秧苗处达到

10厘米以上，选用高效低毒农药，最好选用生物制剂如生物BT等，喷撒时尽量喷在稻叶上，避免药液落入水中，避免造成泥鳅中毒。粉剂类农药宜在早晨带露水时施用，水剂宜晴天露水干后喷施，雨前不施药，严禁使用国家禁用农药和鱼药，严格遵照用药量和休药期规定，确保泥鳅和水稻的食用安全。

第四节　藕塘养殖管理

107. 藕塘投苗前应如何处理？

套养泥鳅的藕塘，在春季莲藕发芽时，应使用"鳅塘净"泼洒以杀灭天敌，不然莲藕叶片展开后再用药时，青蛙等敌害会跳到叶片上，导致杀灭效果不彻底。藕塘在投放泥鳅苗前7～10天进行消毒，一般使用生石灰或漂白粉对"鱼沟"区域消毒处理，每亩"鱼沟"面积使用生石灰50千克，或漂白粉4～5千克。消毒2天后开始培水，培水主要针对养殖"鱼沟"，培水方法与稻田培水相同。培水产品种类很多，如黄豆浆、肥水膏、培膏、生物肥、肥水素、单胞藻激活素、磷肥、尿素和发酵后的畜禽粪便等，可根据当地实际情况选择，并采用多种产品结合的方式，以利在短期能培肥水体。培水过程中注意观察水体变化情况，适当增减培水产品使用量，以达到较好的肥度效果。

108. 藕塘养殖如何投苗和喂料？

藕塘套养泥鳅与稻田套养基本相同，投放泥鳅苗为寸苗或寸苗以上规格，泥鳅苗来源为自己培育或从专业养殖单位购买。投放密度应根据"鱼沟"的面积和深度，一般投放密度为每亩稻田投放1.5万～2万尾。投放泥鳅苗时，将藕塘水位适当降低，保持"鱼沟"内满水而莲藕区表面基本无水，泥鳅苗投喂3～5天后，让泥鳅苗基本熟悉采食点，养成定点采食，再加深水位至莲藕生长所需水位。

在藕塘周围环形"鱼沟"水面放置投料浮框，浮框中插一根竹竿，将浮框固定在离埂边 50～60 厘米处，将料投放到浮框中，防止饲料被风吹到稻田中而造成浪费。刚投放藕塘的泥鳅寸苗投喂粒径为 0.5 毫米的浮性颗粒配合饲料，以后随着泥鳅个体长大，逐步投喂粒径大一些的饲料。饲料每天的投次数和投喂量，参照池塘泥鳅投喂方法，具体视泥鳅每天采食情况适当调整。

莲藕长势和发展速度相当快，并且荷叶杆上有少量的小刺，当莲藕长到"鱼沟"区域时，应及时将其茎叶拔掉，不能让其占领泥鳅的主要生活区域，否则，当泥鳅集中采食时，荷叶杆上的小刺会使泥鳅体表受伤，造成感染发病，甚至出现死亡。泥鳅苗投放密度大一些，或者是投料框处采食聚集泥鳅数量较大时，还应将投料框附近的荷叶杆拔除一些，将浮框水面扩大，以免泥鳅采食聚集时受伤。

109. 藕塘养殖需要换水吗?

藕塘养殖与稻田套养相似，日常水位根据莲藕生长的需要，莲藕水层管理应按前期浅、中期深、后期浅的原则加以控制。生长前期保持 5～10 厘米的浅水，有利于水温、土温升高，促进萌芽生长。生长中期（6～8 月）加深水深至 10～20 厘米。

莲藕生长需要营养，养殖中泥鳅排泄物及分泌物，大量被莲藕吸收，减少了水体污染，整个养殖季节较少换水。当发现水质过肥或有出现污染的趋势，就应使用光合细菌等微生物制剂泼洒调节，或是适当加换新水。

110. 莲藕如何施肥和防病?

莲藕的施肥一般采用发酵腐熟的畜禽粪便或复合肥，施肥时间一般为荷叶基本长出后，施肥与藕塘培水结合，莲藕施肥并适当培水后，就可以安排泥鳅苗下塘了。施肥后注意观察藕塘的肥水情况，若肥水效果不大理想，可适当采用黄豆浆、肥水膏、培膏、生物肥、肥水素、单胞藻激活素和发酵后的畜禽粪便等，再作补充培水，以达到较好的培水效果。

莲藕若长虫需用药时，应加深塘水，保持莲藕处达到20厘米以上，选用高效低毒农药，喷洒时尽量只喷荷叶部分，避免药液落入水中，造成泥鳅中毒。水剂宜晴天露水干后喷施，雨前不施药，严禁使用国家禁用农药和渔药，严格遵照用药量和休药期规定，确保泥鳅和莲藕的食用安全。

第五节　病害预防

111. 如何提高泥鳅抗病能力？

"养鱼先养水"，饲养泥鳅的池塘首先应注重培水，日常注重水质养护，保持较好的水质是泥鳅健康生长的关键。在泥鳅苗期加强水体培肥和养护，保证水质良好且水体中天然、饵料丰富，泥鳅苗生长迅速且苗齐、苗壮，其抵抗能力大大增强。池塘投苗前的施肥培水不能马虎，培育中应密切注意水体状况。当水体肥度下降、透明度增大时，应使用培水产品及时泼洒。泥鳅充肥阶段，应投喂品质较好的饲料，注意水质调节，保持较好的藻相，泥鳅的发病概率是相当低的。投喂饲料中常加入"鳅保康"和"泥鳅病毒清"，一般每千克料加入3克"鳅保康"，增强抵抗力并防止泥鳅维生素缺乏而患病。每个月至少投喂一次"泥鳅病毒清"，每千克料加入"泥鳅病毒清"5～8毫升，连用5～7天，以增强泥鳅免疫力和抵抗力。

112. 怎样预防泥鳅病虫害？

泥鳅是一种抗病力很强的水产动物，一般很少生病。但在高密度养殖条件下，养殖者也应注意平时的预防，以免出现疾病、造成损失。不要等到泥鳅出现问题，才想到用药进行治疗，这样会不同程度出现死亡，使养殖效益降低甚至亏本。

保证水质良好是日常养殖的必要条件，如果水体有害物质超标，会引起泥鳅中毒死亡，而且易患皮肤病，生长速度较慢且饲料转化率低下。保证水质的同时，还应严格做好消毒工作，消毒工作一般20天左右进行1次，采用"泥鳅菌毒克""鳅塘消毒灵"和"泥鳅碘康"交替泼洒消毒。比如第1次使用"泥鳅菌毒克"消毒，20天后就用"泥鳅碘康"，再过20天则可使用"鳅塘消毒灵"，这样避免泥鳅产生抗药性，以达到较好的预防效果。

日常投喂泥鳅的饲料品质一定要保证，不能投喂变质饲料。日常还应注意泥鳅肠炎的预防，每隔20天左右在饲料中加入"泥鳅炎立停"和"鳅保康"预防泥鳅肠炎病发生，每千克料加入"泥鳅炎立停"2克和"鳅保康"3克，一般连用3天，可达到较好的预防效果。

泥鳅虫害主要注意天敌和寄生虫，泥鳅在苗期对天敌和寄生虫的抵御能力较差，所以在泥鳅苗体长达到7～8厘米之前，特别注意预防。苗期特别预防蜻蜓幼虫、水蜈蚣等害虫残食，尤其是在夏季，一是在放苗前池塘使用"蜻蜓克星"泼洒；二是在培育期间，一旦发现蜻蜓幼虫、水蜈蚣等害虫，立即使用"吡虫灵"杀灭。在苗期最易感染车轮虫、三代虫和锥体虫等寄生虫，在苗期一般使用"鳅虫速灭2号"和"混刹灵"做两次预防。后期育肥阶段，蜻蜓幼虫和水蜈蚣等基本伤害不了，但应注意寄生虫的预防，一般40～50天可用"鳅虫速灭2号"和"混刹灵"泼洒1次。

113. 泥鳅冬天可以转塘吗?

冬天气温逐步下降，泥鳅采食较少，达上市规格的泥鳅也逐步起捕销售。当水温降到10℃左右时，大鳞副泥鳅和青鳅基本停食，只有台湾泥鳅还能少量采食。此时，还未达上市规格的大鳞副泥鳅和青鳅进入冬眠，等到来年开春温度逐步上升，泥鳅才会采食生长。在冬季有养殖户整理池塘，将养殖密度小的池塘里的泥鳅转塘合并，将池塘进行干塘，为春季养殖提前做准备。转塘后的泥鳅几天后开始出现问题，许多泥鳅体表长毛，皮肤腐烂，陆续出现死亡，这种现象一直持续到春季温度升高后才逐步好转，损失相当惨重。这主要是冬季水霉菌大量滋生，泥鳅冬季体质和抵抗力差一些，转塘有受伤现象，然后感染水霉菌而发病。由于水温低，病鳅体质越来越差，用药后不易恢复，继而逐步有感染其他体质较弱的泥鳅，所以一直持续到春天温度升高以后才逐步好转。所以，建议秋季水温低于20℃时，就不能进行泥鳅转塘了，需要转塘的泥鳅应提前进行，在水温较好时段转塘。除泥鳅转塘外，当冬季起捕泥鳅销售时，起捕的泥鳅应全部上市，不能因为起捕量多了，或是将其中规格小的泥鳅选出，再放到池塘里去，否则同样会出现感染发病的现象，即使用药，也起不了多大作用。

第六节　泥鳅的捕捞

114. 捕捞泥鳅的方式有哪些？

捕捞泥鳅可采用竹篓、须笼、地笼等装置，这些装置泥鳅能进去，但出不来，在其中放入饲料等饵料，引诱泥鳅进入而捕获；在塘边塘角将水草堆成堆，1～2天后用网片从草堆下面抄起，拿掉水草就可起获泥鳅；向池塘冲水，在冲水区域先于塘底铺一张网片，隔段时间抬起网片捕获泥鳅；于池塘放下罾网，在罾网区域投料，待泥鳅前去聚集采食时，拉起罾网捕获泥鳅；池塘底不平，可以使用拉网，采取多人配合拉网围捕泥鳅。捕获泥鳅的方法很多，养殖户可根据自己池塘的大小、水深度、起捕时的水温、起捕的数量等因素，酌情选择。

115. 池塘泥鳅如何捕捞？

据实践观察，一般泥鳅在体重20克前生长最快（提纯选育的大鳞副泥鳅和杂交培育的泥鳅苗可能快速生长阶段略长，但一般其快速生长阶段体重一般为25克左右）。台湾泥鳅在体重50克以前生长最快。如果将已经长到体重20克左右的大鳞副泥鳅、青鳅及本地泥鳅与体重达到50克的台湾泥鳅继续饲养，则有可能因泥鳅的饲料转化率降低而出现"光吃不长"或长势减缓的现象，使养殖泥鳅的经济效

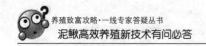

益降低。因此，当泥鳅个体达到一定的商品规格后，就可以根据市场行情适时起捕泥鳅上市销售。

泥鳅养殖户从池塘起捕泥鳅的常见方法有两种：一种是拉网捕捞（彩图36），另一种就是采用地笼捕捉。捕捞泥鳅的拉网与多数鱼塘捕捞其他鱼类的拉网相同。这种拉网一般网片长度约20米、宽2米左右，下设坠子，上设有浮子，网的两端各系有长绳。由于一个池塘的泥鳅重量远远超过相同面积的其他鱼类，所以，采用拉网捕捞池塘的泥鳅，一般都需要10个左右的人员进行协作。一般是3～4个人穿下水裤进入池塘，两个人分别固守拉网的两头，1～2个人用脚探寻拉网坠子，防止较大的泥团、石块将网挂住。其余的人分别在两边的岸上，拽住网绳慢慢前拉，将池塘内的泥鳅"刮"到池塘的一端。等拉网靠近池塘另一端时，塘内的人用脚将网坠前推并设法将网坠踩入泥内。此时拉网拦住的水域内，泥鳅的密度已经非常大，可以使用塑料筐、手抄网等工具直接捞取泥鳅。待拉网内的泥鳅已经比较稀少后，再缩小拉网围圈的范围，直到基本捞净为止。对于塘底比较平整的泥鳅池塘，使用拉网拖3～4次就可以捕捞到整池泥鳅的80%～90%。

地笼是一种比较常见的渔具，"地笼网"用钢丝做支撑，呈方形或圆形的"口袋"，每个"口袋"四周设有多个外大内小的"倒口"，鱼类通过"倒口"进入到网内便再也无法游出。一个完整的"地笼网"大多由10多个甚至几十个"口袋"组成，长度从几米到数十米不等。当池内的泥鳅需要捕捞上市时，可以使用地笼网沉入泥鳅池塘内，由于泥鳅好动，很容易钻进地笼。在养殖密度达到每亩水面2 000千克左右泥鳅的池塘，使用一个长度为20米左右的地笼，通常一天就可以捕捞泥鳅超过500千克。若多使用几个地笼，反复在塘内捕捉几天，则完全可以将池塘中95%以上的泥鳅全部捕捞起来（彩图37、彩图38）。

从池塘内捕起的泥鳅可以暂时贮养于网箱中，以便随时出售。如果起捕时天气较热，应使用水泵或采用人工间歇性地往网箱里冲水，以免泥鳅出现缺氧。在起捕的过程中，池塘中的水深要保持在40～50厘米。若水太浅，泥鳅在泥里不动，地笼也很难捉到它。每过几个小时，捕捉的人可以在泥鳅池里走上几圈，让泥鳅动起来之后会容易捕捉。

116. 稻田和藕塘如何捕捞泥鳅？

稻田和藕塘养殖的泥鳅，当泥鳅规格达到每千克40～60尾的上市标准，就可适时起捕上市销售，具体起捕规格视各地消费需求而定。若消费者喜欢规格略小的泥鳅，则可适当提前起捕销售，而消费者喜欢规格稍大的泥鳅，则可适当延长养殖时间，待规格稍大一些再起捕销售。稻田和藕塘日常在"鱼沟"投喂，所以泥鳅大部分活动就在这些区域，起捕时先将水位慢慢下降至只有"鱼沟"内有水，水位不要突然下降太快，否则有部分泥鳅会滞留在稻田和藕塘中间出不来，然后在"鱼沟"安放地笼，2天左右即可起捕绝大多数泥鳅。对稻田和藕塘余下的少量泥鳅，可以将水位提高让整塘都有水，过几天再次在"鱼沟"安放地笼，用纱网袋或布袋装少量饲料放于地笼中，以吸引泥鳅钻进去，这样反复几次，基本可以将稻田和藕塘中的泥鳅捕完。稻田的泥鳅在水稻收获前或收获后均可起捕，藕塘的泥鳅最好是在挖藕前起捕，否则挖藕会在塘中留下不少坑，下降水位后有部分泥鳅滞留在坑中出不来，影响起捕效果。各地挖藕时间大多在冬季，到那时藕塘的泥鳅都已全部起捕上市销售了。

117. 泥鳅如何运输？

泥鳅的运输方式很多，装运的容器也多种多样。比较常见的装运泥鳅容器有泡沫箱、铁皮箱和塑料箱等（彩图39）。一般一个长70厘米、宽50厘米、高38厘米的泡沫箱，可以带水装运50～60千克泥鳅。使用容器密闭装运泥鳅，若气温较高，为了防止泥鳅在高温下呼吸旺盛出现缺氧，可以在运输箱内适当投放冰块，以降低水温确保运输安全。短途运输泥鳅上市也可以使用竹筐、塑料筐等用具进行"干"运。无论采用哪种容器运输泥鳅，在装运前都最好先用水对泥鳅进行体表冲洗，将其体表附着的黏液冲掉，以免在运输时黏液过多

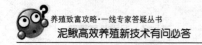
污染运输箱内的水。将泥鳅装箱后还应注意将水面浮起的大量泡沫捞掉，以免因泡沫过多引起泥鳅缺氧。为了防止运输过程中水面再次产生大量泡沫，也可在运输箱内的水中滴上几滴植物油。

运输时间在5～6小时，应采用带冰降温运送。泥鳅装运输容器的2/3，加水高出泥鳅3～5厘米，再滴几滴植物油并加冰打包，容器口留气孔以利泥鳅透气，加冰的多少视气温状况和运输距离而定，一般以保证容器水温在10℃左右为宜。运输距离较远，时间在10小时以上，中途应检查容器内水温，如果冰块已全部溶化且水位升高，应及时换水加冰后再运。如果运输时间较长且中途不方便换水加冰，采用冷藏车控温运输或运鱼专用罐车运输。

第八章 泥鳅疾病防治

第一节 鳅病防治基础知识

118. 泥鳅的致病因素有哪些?

疾病发生的原因,一般简单地认为是病原体对生物体侵袭的结果。然而在生产实践中,常见到同一环境中同类的生物有的生病,有的不生病。显然造成病害发生的原因,不仅仅是病原体对生物侵害的结果。泥鳅属鱼类,其主要生活环境是水体,泥鳅的生长发育及繁殖一方面要求有良好的生活环境,另一方面也需要有适应环境的能力。泥鳅在自然界中密度较低,自身抗逆能力强,因此患病概率就很少。为了达到高产的目的,养殖水体的环境条件大多由人为控制,对泥鳅来说就具有一定的强制性。如果生活环境发生了不利于泥鳅的变化,或者泥鳅不能适应环境条件时,就会影响到泥鳅的生长、发育和健康,对病原体的入侵失去抵抗力,因而引起疾病。病原体是水体中的特殊种类,它的生活必须依赖其他生物,它既需与水环境发生联系,又需与其他生物体的内环境发生联系。若这些环境条件中的某一环节不利于病原体的繁衍、发育,则疾病也难以发生。如果泥鳅的抗病力强于病原体的致病力,泥鳅不会生病,而泥鳅的抗病力又取决于泥鳅的生长环境。如果生长环境差,泥鳅吃不好,活动不好,从而体质下降,抵抗病的能力就下降,也就容易生病。所以,泥鳅发生疾病的原因是由病原体、环境条件和泥鳅本身因素三者之间相互作用的结果。要搞好泥鳅的养殖,必须了解泥鳅发病的原因,再采取相应的预防及控制措施,使之少发病或不发病。

（1）自然因素

①温度：泥鳅的生长适宜水温范围为 10～33℃，最适水温范围为 22～28℃。水温高有利于泥鳅的快速生长，有利于促进有机质的分解，但同时也促进了病原生物的大量繁殖和其他水生生物的呼吸作用而消耗大量的溶氧，所以，在水温较高时要更加重视对病原生物的控制。

②酸碱度：泥鳅能忍耐的酸碱度范围是 6.0～9.0，最适酸碱度范围在 7.0～8.5。如泥鳅长期生活在 pH 为 8.8～9.0 的水体中，泥鳅的表皮易被腐蚀，严重者背部等处呈现腐白色，双眼发白，在北方盐碱地区应特别注意 pH 的变化。泥鳅在弱碱水体（pH 7.5～8.0）中生长最快，疾病少；如果生活在弱酸性至酸性水体（pH 6.0～6.8）中，泥鳅上下翻腾减少，摄食量降低，生长减缓，易发生疾病。

③溶氧：泥鳅能利用口、皮肤直接呼吸空气中的氧气，它自身对水体中的溶氧要求不高，但是如果水中的溶氧太低会导致浮游生物死亡、有机物难以分解而直至水质恶化、病原微生物大量繁殖，最终导致泥鳅发病。

④氨：氨是水生动物排泄物和底层有机物经氨化作用而产生。养殖密度越大，排泄物越多，氨的浓度就越高。养殖中特别注意水质变化情况，避免水体出现污染。

（2）人为因素

①鳅体损伤：泥鳅鳞片极薄且细小，捕捞、转池和运输等环节操作不当，引起泥鳅受伤，水体的细菌就可以从受伤处感染。

②苗源差：泥鳅苗过小，器官发育不完全时进行运输等。在泥鳅消化器官转变期间，挤压、颠簸等稍微剧烈的外界影响都会导致其消化功能出现异常，称重、长途运输都很容易导致泥鳅小苗出现疾病甚至死亡。

③放养密度：放养密度与疾病的发生有很大的关系，密度过大，泥鳅彼此接触的机会多，病原体感染机会多；养殖密度大、水源跟不上，还会造成泥鳅缺氧、体质减弱、细菌入侵。放养密度要视水源条件、养殖技术等灵活掌握。

④饲料不全面：人工养殖使用的饲料对泥鳅的生长及疾病防治有很大的影响。选择泥鳅专用饲料或普通鱼饲料等营养全面的饲料，利于泥鳅的快速生长。若饲料中维生素 E 缺乏，则影响泥鳅性腺发育，对泥鳅繁殖不利。维生素 C 具有抗氧化作用，袋装饲料由于存放时间长而发酵，使其中的维生素 C 在高温中被氧化，若长期使用这类饲料，必将造成维生素 C 缺乏症。所以，应经常在泥鳅饲料中适当添加金维他以补充维生素 E 和维生素 C 等微量元素。

⑤管理不当：投食不均衡、饥饱无常；饲料不适口；饲料黏合度不够，放入水中很快就散开；投喂的块状食物过大或经常更换饲料等；饲料变质，鲜活饵料不鲜活或投喂时不消毒；不清池，不及时排除残渣和粪便。酷暑季节，池水温度过高，没注重防暑，使泥鳅食欲减弱，体质消瘦，抗病力降低。换水时水温差过大，也易造成泥鳅死亡。

119.　养鳅如何保持良好水环境？

泥鳅对水质要求较为粗放，但营造和保持良好的水环境，泥鳅的生长、饲料利用率才能得到提高，也有利于杜绝或减少泥鳅病害的发生。水环境重要的指标是水体透明度、水体溶氧、水体有害物质的含量和水体 pH。池塘水体透明度保持 20 厘米左右为宜，过低者说明水太肥，过高者说明浮游生物较少；水体溶氧应在 3 毫克/升以上；水体氨氮不超过 0.2 毫克/升、亚硝酸盐不超过 0.1 毫克/升、硫化氢不超过 0.1 毫克/升；水体 pH 为 6.5～8 为佳。

保持良好的水体指标，需要日常管理中科学投喂饵料，避免饵料浪费和污染水体，经常使用光合细菌等微生物调节水质。养殖中后期随着泥鳅个体长大，采食量增大，泥鳅排泄物和分泌物增加，更应加强水质的调控，在使用微生物调水的同时，注意适当加深水位，并注意加换新水，以保持水体"肥、活、嫩、爽"。特别是养殖密度偏大的池塘，在晴天中午开启增氧机曝气；在后半夜及天气突变，水体溶氧较低时适时增氧。水体溶氧高有助于泥鳅的生长，同时也可起到降低有害物质含量的作用。水体 pH 过低或过高，都会造成水体有害物质含量的增加，当水体 pH 大于 8 时，应注意加换新水，若水体 pH 低于 6.5 时，可适量使用生石灰全池泼洒。

120. 如何做好病害预防？

最好的养殖技术方法就是最佳的防病方法。在前面的养殖方法中，其实我们已经对疾病的预防进行了讲解。养殖者只要严格按照技术方法进行，一般不会出现大的病害。为了进一步提高大家的技术水平，在这里，我们将关于疾病预防方面的问题提升到一个新的、更高的层面来给大家介绍。

（1）适度投料 前面我们对于投料的比例及投喂时间都进行了具体的介绍，这是我们多年的养殖实践经验，大家应该予以参考并采用。但是，在一些特殊的情况下，按照前面的方法去生搬硬套并不一定能够取得好的效果。如何做到尽可能让泥鳅的摄食比较均匀，养殖者不仅要遵循按时按量投喂，还应观察泥鳅的活动，通过一次投饵或分几次视泥鳅的活动情况进行投入，并逐步引诱泥鳅均匀分布，才能达到减少泥鳅过量摄食和尽量均匀摄食的效果。此外，投料前下雨，雨水从鳅池的局部流入，导致泥鳅集群，养殖者都应根据变化灵活调整投饵，尽可能把握好"适度投饵"这个"度"。晴天水质清爽时，正常投喂；下雨天、阴天，泥鳅在池中上下翻滚吞食空气进行肠呼吸时，少投喂。泥鳅耐氧能力极强，一般不会因缺氧而死亡。虽如此，由于投饵过多，水交换量不足，也会发生水质急剧变化，水质发黑，逸出难闻气味，此时泥鳅虽能摄食，但消化吸收都很差，故应及时换水，否则继续发展下去，泥鳅集群成团，易出现应激反应导致发病。

（2）把握水质 鳅池的水质要求保持黄绿色为佳，但有时水色正常，泥鳅也同样出现缺氧甚至死亡，比如在闷热的雷雨前，尤其是闷热天气出现在早晨时更危险。此时不要认为水色好就不会有问题，应不管水色好坏，及时采取措施向池内加水，以增加池内的溶氧，避免出现异常情况。把握水质不仅要看水色，还应该密切关注泥鳅的活动，只有把这两方面把握好，才能真正地管好水质，避免意外的发生。此外，水色的变化会时快时慢，这与投饵剩料的多少、池塘底泥的厚薄、气温的高低等具体条件有关，养殖者只有勤观察，勤调水，适当换水，尽量把水质控制在腐败之前，才能真正地管好水质。

（3）合理预防 一般常规的预防方案是泥鳅苗期做两次寄生虫预防，预防泥鳅苗出血病，育肥阶段每隔20天左右泼洒一次消毒杀菌药物和投喂一次预防药，这是经验之谈，但一些具体情况还需要养殖者灵活处理。本书介绍的预防方法主要针对泥鳅的体表细菌性疾病和肠道疾病。这个防病方案在夏季高温季节的防病效果比较明显，但对于一些特殊情况，还应特殊处理。比如一些养殖户使用蛋白质含量较高的饲料投喂泥鳅，获得了较快的生长速度，但进入秋季，泥鳅的病害往往较多。这主要是因为使用的饲料蛋白含量过高，大量摄入导致泥鳅的肝、肾负荷过重，从而引起发病。对于这种情况，仅使用本书介绍的防病方法显然不够，在泥鳅的吃食高峰期，就应该在本方案的基础上，再加入解毒保肝的药物进行预防，同时在进入秋季后，不管气温是否下降，都要适当减少投喂量，以免肝肾疾病的发生。春季投苗较早，鳅体擦伤后容易发生水霉病，此时泼洒外用药物时，就应该同时泼洒"泥鳅腐霉灵"等防治水霉病的药物进行预防。

以上3个问题都是养殖者最难准确把握的3个方面，也是真正区分实践经验是否丰富、养殖水平高低的3个方面，这3个方面没有非常固定的生搬硬套，因为养殖者的具体条件各有不同，很多时候都需要养殖者根据当时的具体变化情况去灵活把握。养殖者在养殖实践中，只有依据自己对技术的理解并依靠多看、多分析，综合实际情况去灵活处理，才能真正做好这3个方面。在同一地区开展泥鳅养殖的养殖户，养殖方法应该没有太大的区别，但有的增重多，有的增重少，有的疾病多，有的疾病少，这就是实践中对技术的把握程度不同所导致的。各位养殖户在掌握了前面的方法后，还应该多方面掌握相关的知识，知识面越广，实践经验越丰富，取得更好养殖效果的可能性就越大。

121. 如何安全用药?

养殖泥鳅安全用药,主要包含两个方面:一是使用通过长期养殖实践验证的药物,才能起到有效的防治病害的效果;二是绝对不能使用禁用渔药。

泥鳅病害与其他鱼类基本相似,但泥鳅的习性与其他鱼类有所不同,对防治病害用药的选择和使用方法也有所不同。许多养殖户直接采用有鳞防病药物,有些药物能起到作用,而有的药物根本不起作用,导致预防效果不理想,甚至延误疾病治疗最佳时间。在泥鳅苗培育期间用药最为突出,比如杀灭泥鳅苗寄生虫,选药不当会造成杀灭寄生虫不彻底,用药量不当会造成泥鳅苗大量死亡。又如杀灭泥鳅苗池塘的敌害,选用药物不当,根本杀不掉蜻蜓幼虫、水蜈蚣等敌害,或者是用药后敌害和泥鳅苗全部被杀掉。所以,养殖户在选药和用药上不能掉以轻心,应选择正规渔药厂,通过长期实践养殖用药,避免造成不必要的损失。

为了保证食品安全,保障公众身体健康和生命安全,《中华人民共和国食品安全法》已由中华人民共和国第十二届全国人民代表大会常务委员会第十四次会议于2015年4月24日修订通过。如何生产优质、无残留、健康的水产品,是水产养殖人员工作的重中之重。在泥鳅养殖生产中绝不能使用禁用渔药,否则会对人们身体健康和生命安全造成危害,也将会受到国家法律严厉的制裁。以下是国家公布的禁用渔药清单。

序号	药物名称	英文名	别名	引用依据
1	克仑特罗及其盐、酯及制剂	Clenbuterol		农业部第193号公告 农业部第235号公告 农业部第176号公告
2	沙丁胺醇及其盐、酯及制剂	Salbutamol		农业部第193号公告 农业部第235号公告 农业部第176号公告
3	西马特罗及其盐、酯及制剂	Cimaterol		农业部第193号公告 农业部第235号公告

（续）

序号	药物名称	英文名	别名	引用依据
4	己烯雌酚及其盐、酯及制剂	Diethylstilbestrol	己烯雌酚	农业部第193号公告 农业部第235号公告 农业部31号令 农业部第176号公告
5	玉米赤霉醇及制剂	Zeranol		农业部第193号公告
6	去甲雄三烯醇酮及制剂	Trenbolone		农业部第193号公告 农业部第235号公告
7	醋酸甲孕酮及制剂	Mengestrol Acetate		农业部第193号公告 农业部第235号公
8	氯霉素及其盐、酯（包括：琥珀氯霉素 Chloramphenicol Succinate）及制剂	Chloramphenicol		农业部第193号公告 农业部第235号公告 农业部31号令
9	氨苯砜及制剂	Dapsone		农业部第193号公告 农业部第235号公告
10	呋喃唑酮及制剂	Furazolidone	痢特灵	农业部第193号公告 农业部31号令
11	呋喃它酮及制剂	Furaltadone		农业部第193号公告 农业部第235号公告
12	呋喃苯烯酸钠及制剂	Nifurstyrenate sodium		农业部第193号公告 农业部第235号公告
13	硝基酚钠及制剂	Sodium nitrophenolate		农业部第193号公告 农业部第235号公告
14	硝呋烯腙及制剂	Nitrovin		农业部第193号公告 农业部第235号公告
15	安眠酮及制剂	Methaqualone		农业部第193号公告 农业部第235号公告
16	林丹	Lindane 或 gammaxare	丙体六六六	农业部第193号公告 农业部第235号公告 农业部31号令
17	毒杀芬	Camahechlor	氯化烯	农业部第193号公告 农业部第235号公告 农业部31号令

（续）

序号	药物名称	英文名	别名	引用依据
18	呋喃丹	Carbofuran	克百威	农业部第193号公告 农业部第235号公告 农业部31号令
19	杀虫脒	Chlordimeform	克死螨	农业部第193号公告 农业部第235号公告 农业部31号令
20	双甲脒	Amitraz	二甲苯胺脒	农业部第193号公告 农业部第235号公告 农业部31号令
21	酒石酸锑钾	Antimony potassium tartrate		农业部第193号公告 农业部第235号公告
22	锥虫胂胺	Tryparsamide		农业部第193号公告 农业部第235号公告 农业部31号令
23	孔雀石绿	Malachite green	碱性绿、盐基块绿、孔雀绿	农业部第193号公告 农业部第235号公告 农业部31号令
24	五氯酚酸钠	Pentachlorophenol sodium		农业部第193号公告 农业部第235号公告 农业部31号令
25	氯化亚汞	Calomel	甘汞	农业部第193号公告 农业部第235号公告 农业部31号令
26	硝酸亚汞	Mercurous nitrate		农业部第193号公告 农业部第235号公告 农业部31号令
27	醋酸汞	Mercurous acetate	乙酸汞	农业部第193号公告 农业部第235号公告
28	吡啶基醋酸汞	Pyridyl mercurous acetate		农业部第193号公告 农业部第235号公告
29	甲基睾丸酮及其盐、酯及制剂	Methyltestosterone	甲睾酮	农业部第193号公告 农业部第235号公告 农业部31号令

（续）

序号	药物名称	英文名	别名	引用依据
30	丙酸睾酮及其盐、酯及制剂	Testosterone Propionate		农业部第 193 号公告
31	苯丙酸诺龙及其盐、酯及制剂	Nandrolone Phenylpropionate		农业部第 193 号公告
32	苯甲酸雌二醇及其盐、酯及制剂	Estradiol Benzoate		农业部第 193 号公告
33	氯丙嗪及其盐、酯及制剂	Chlorpromazine		农业部第 193 号公告 农业部第 176 号公告
34	地西泮及其盐、酯及制剂	Diazepam	安定	农业部第 193 号公告 农业部第 176 号公告
35	甲硝唑及其盐、酯及制剂	Metronidazole		农业部第 193 号公告
36	地美硝唑及其盐、酯及制剂	Dimetronidazole		农业部第 193 号公告
37	洛硝达唑	Ronidazole		农业部第 235 号公告
38	群勃龙	Trenbolone		农业部第 235 号公告
39	地虫硫磷	fonofos	大风雷	农业部 31 号令
40	六六六	BHC（HCH）或 Benzem		农业部 31 号令
41	滴滴涕	DDT		农业部 31 号令
42	氟氯氰菊酯	cyfluthrin	百树菊酯、百树得	农业部 31 号令
43	氟氰戊菊酯	flucythrinate	保好江乌、氟氰菊酯	农业部 31 号令
44	酒石酸锑钾	antimonyl potassium tartrate		农业部 31 号令
45	磺胺噻唑	sulfathiazolum ST，norsultazo	消治龙	农业部 31 号令
46	磺胺脒	sulfaguanidine	磺胺胍	农业部 31 号令
47	呋喃西林	furacillinum，nitrofurazone	呋喃新	农业部 31 号令

（续）

序号	药物名称	英文名	别名	引用依据
48	呋喃那斯	furanace, nifurpirinol	P-7138	农业部 31 号令
49	红霉素	erythromycin		农业部 31 号令
50	杆菌钛锌	zinc bacitracin premin	枯草菌肽	农业部 31 号令
51	泰乐菌素	tylosin		农业部 31 号令
52	环丙沙星	ciprofloxacin （CIPRO）	环丙氟哌酸	农业部 31 号令
53	阿伏帕星	avoparcin	阿伏霉素	农业部 31 号令
54	喹乙醇	olaquindox	喹酰胺醇羟乙喹氧	农业部 31 号令
55	速达肥	fenbendazole	苯硫哒唑氨甲基甲酯	农业部 31 号令
56	硫酸沙丁胺醇	Salbutamol Sulfate		农业部第 176 号公告
57	莱克多巴胺	Ractopamine		农业部第 176 号公告
58	盐酸多巴胺	Dopamine Hydrochloride		农业部第 176 号公告
59	西马特罗	Cimaterol		农业部第 176 号公告
60	硫酸特布他林	Terbutaline Sulfate		农业部第 176 号公告
61	雌二醇	Estradiol		农业部第 176 号公告
62	戊酸雌二醇	Estradiol Valerate		农业部第 176 号公告
63	苯甲酸雌二醇	Estradiol Benzoate		农业部第 176 号公告
64	氯烯雌醚	Chlorotrianisene		农业部第 176 号公告
65	炔诺醇	Ethinylestradiol		农业部第 176 号公告
66	炔诺醚	Quinestrol		农业部第 176 号公告
67	醋酸氯地孕酮	Chlormadinone acetate		农业部第 176 号公告
68	左炔诺孕酮	Levonorgestrel		农业部第 176 号公告
69	炔诺酮	Norethisterone		农业部第 176 号公告
70	绒毛膜促性腺激素	Chorionic Gonadotrophin	绒促性素	农业部第 176 号公告

（续）

序号	药物名称	英文名	别名	引用依据
71	促卵泡生长激素	Menotropins		农业部第176号公告
72	碘化酪蛋白	Iodinated Casein		农业部第176号公告
73	苯丙酸诺龙及苯丙酸诺龙注射液	Nandrolone phenylpropionate		农业部第176号公告
74	盐酸异丙嗪	Promethazine Hydrochloride		农业部第176号公告
75	苯巴比妥	Phenobarbital		农业部第176号公告
76	苯巴比妥钠	Phenobarbital Sodium		农业部第176号公告
77	巴比妥	Barbital		农业部第176号公告
78	异戊巴比妥	Amobarbital		农业部第176号公告
79	异戊巴比妥钠	Amobarbital Sodium		农业部第176号公告
80	利血平	Reserpine		农业部第176号公告
81	艾司唑仑	Estazolam		农业部第176号公告
82	甲丙氨脂	Meprobamate		农业部第176号公告
83	咪达唑仑	Midazolam		农业部第176号公告
84	硝西泮	Nitrazepam		农业部第176号公告
85	奥沙西泮	Oxazepam		农业部第176号公告
86	匹莫林	Pemoline		农业部第176号公告
87	三唑仑	Triazolam		农业部第176号公告
88	唑吡旦	Zolpidem		农业部第176号公告
89	其他国家管制的精神药品			农业部第176号公告
90	抗生素滤渣			农业部第176号公告
91	沙丁胺醇及其盐、酯及制剂			农业部第560号公告
92	呋喃妥因及其盐、酯及制剂			农业部第560号公告
93	替硝唑及其盐、酯及制剂			农业部第560号公告

（续）

序号	药物名称	英文名	别名	引用依据
94	卡巴氧及其盐、酯及制剂			农业部第 560 号公告
95	万古霉素及其盐、酯及制剂			农业部第 560 号公告

第二节　泥鳅常见病害的防治

122. 如何诊断泥鳅病害?

(1) 确定发生疾病因素　泥鳅生活在水中，其发病死亡虽有多种原因，但往往与环境因素密切相关。为了正确诊断，对症下药，发生泥鳅病害时，应确定内容包括泥鳅死亡的数量、种类、大小；病鳅的活动情况；所养殖泥鳅的数量、规格、种苗来源、水质、养殖场周围的工厂排污、水源情况；日常防病措施和发病后采取了哪些措施等。还包括泥鳅的养殖密度；投喂饲料的种类、品质、来源、保存情况；投喂的数量、次数、时间；水体消毒、药物投喂情况；周围塘的发病情况；日常管理和以前发病情况。还要注意水温、溶氧、酸碱度、氨等。

(2) 病鳅外表检查　要正确诊断泥鳅所患的是什么疾病，仅对外部因素分析还不够，还需要对病鳅进行详细的检查。检查遵循从外到内的顺序，外表的检查首先是头部的吻、口腔、眼和眼眶周围、鳃，然后是躯干、肛门、尾等部位。主要观察各部位有无异常，是否有大型寄生虫，各部位是否有充血、脱黏、发炎、溃疡、浮肿等症状。有条件的可镜检，先取黏液放在滴有清水的载玻片上，盖上盖玻片，镜检是否有寄生虫。

(3) 病鳅的解剖检查　外表检查后还要进行解剖检查，方法是从一侧腹壁，打开腹腔，检查是否有腹水及其颜色、浑浊度；检查是否有大型寄生虫；前端从咽喉处，后端从肛门处剪断消化道，取出所有的内脏，仔细分开各器官，观察各组织器官的体积大小、颜色深浅，检查有无病变，其中肠道是检查重点。

123. 如何防治泥鳅苗气泡病？

该病缘于水中某种气体的过饱和，主要危害泥鳅小苗，且个体越小越易犯病，严重时可导致全部死亡。病鳅体表出现气泡，常由气泡浮力浮于水面，很难向下游入水中，因反复下挣扎，体力耗竭而死。此病高发阶段，一般是在夏季孵化池中，或泥鳅苗投放池塘的前几天。

防治方法：泥鳅苗孵化出来，开口投喂后应及时下塘，特别是在夏季高温季节，不能在孵化池中过长时间饲养。养殖期适当控制施肥数量，天气连阴数天转晴，尤其是晴后无风天气，要注意开设增氧机曝气，以便水体中的过剩氧气扩散到空气中。鱼苗下塘时间一般在 9：00 之前或是 17：00 后。鱼苗在肥水后的轮虫高峰期下塘，增加养殖水体中鱼苗基础饵料生物的数量，以减少鱼苗误吞食氧气泡的机会。发现此病时，首先加注新水，同时泼撒食盐，每立方米水泼撒 30 克。

124. 如何防治泥鳅寄生虫？

常见的有车轮虫、三代虫和锥体虫等寄生虫，它们寄生在鳅苗鳃或受伤鱼体体表。被寄生虫侵袭的泥鳅常浮于水面，急促不安或在水面打转。有的病鳅鳅体暗淡无光，浑身有较厚的黏液，鳃部突起，黏液有胶质感，最后僵硬而死；有的病鳅游态蹒跚，无争食现象或根本不近食台，常浮于水面；刚孵出不久的鳅苗感染严重时，苗群集体沿池边绕游，行动怪异，神经质的狂摆、跃动，直至鳃部充血、皮肤溃烂而死。泥鳅苗从小到大，均有可能感染寄生虫。

防治方法：在水深 50 厘米基础上，每亩水面使用"鳅虫速灭 2号"20～25 毫升兑水均匀泼洒，第 2 天每亩水面用"混刹灵"20 毫升兑水均匀泼洒。

125. 如何防治泥鳅肠炎病?

水温18℃以上较易发生,25～30℃时是发病高峰期,全国各地均有发生,是我国危害鱼类最主要的疾病之一。此病常与细菌性烂鳃病、赤皮病并发,其死亡率可高达90%以上。该菌为条件致病菌,一般鱼类肠道中均有此菌,仅占0.5%左右,不是优势菌,故不发病。当水体恶化、溶解氧低、氨氮含量偏高及饲料变质、鱼体质下降时,该菌即在大肠中繁殖扩散,以致发病。

病鳅肛口红肿、有黄色黏液溢出。肠内无食物或后段肠有少量食物和消化废物,肠壁充血呈红色,严重时呈紫红色。病塘中常见拖便现象,病鳅常离群独游,动作迟缓、呆滞,体表无光泽,不摄食,最后沉入池底死亡或窒息死亡。

防治方法:

(1)忌喂腐败变质饲料,注意保持水质清洁;

(2)投喂饵料适度,不要过量投喂,并且尽量让泥鳅均匀采食;

(3)每千克饲料添加"泥鳅炎立停"2克和"鳅保康"3克,连续使用3～5天。

126. 如何防治泥鳅出血病?

泥鳅出血病(彩图40)既有病原性,也有环境恶化、管理失当等原因。当持续阴天时间较长、水质管理跟不上时,就很容易造成池塘水中有害物质浓度过高,氧含量长期低。这样泥鳅长期被刺激及动用辅助呼吸器官肠及皮肤,就容易发病,并引起脱黏及被寄生虫攻击。此病由点状气单胞菌感染引起,病鳅体表呈点状、块状或弥散状充血、出血,内脏也有出血,呈败血症症状。出血病多发于泥鳅苗期阶段,发病时多有伴发烂尾症状。

防治方法:发现此病应及时用药,每亩水面用"泥鳅菌毒克"250毫升兑水均匀泼洒,间隔一天每亩水面用"泥鳅消毒灵"150～200克兑水均匀泼洒。饲料中同时加入"泥鳅炎立停"和"鳅保康",用量为每千克料"泥鳅炎立停"2克、"鳅保康"3克，连续拌喂3～5天。

127.　泥鳅腐皮病能治吗？

患腐皮病的泥鳅吃食减少，体表黏液增多，发红，有突起肿块，局部鳞片脱落，部分肌肉腐烂，出现圆形溃疡灶，下颌发红，充血明显，解剖后内脏无明显病变（彩图41）。

一般刚收购入池的泥鳅，由于捕捉运输造成外伤；养殖过程中转池、机械损伤，易患此病，特别是低温季节最易感染。泥鳅刚收购入池或养殖中泥鳅转池后应按预防程序做好消毒、杀菌和消炎工作，防止泥鳅感染。选择水源方便、无农药污染的地方建池；当水温升高时，应适当换水并增加水位；减少捕捞等机械损伤，避免应激反应和引起鱼体受伤。

发生此病应立即消毒杀菌，并投喂抗菌药物。第1天采用"鳝宝腐霉灵"300毫升/亩兑水全池均匀泼洒；第2天适当加注新水，并用"鳝宝消毒灵"200克/亩兑水全池均匀泼洒；第4天再泼洒一次"鳝宝腐霉灵"200毫升/亩。在每千克饲料中加入2克"泥鳅炎立停"和"鳅保康"3～5克，连续使用3～5天。但因泥鳅发病后摄食量减少，药物很难达到抑菌浓度。因此对于该病主要以预防为主，发病后应及时治疗。

128.　如何防治泥鳅烂鳃病？

泥鳅烂鳃病是因泥鳅受寄生虫感染，或受机械损伤后感染病原菌所致（彩图42）。病原主要为柱状嗜纤维菌、嗜水气单胞菌和柱状挠杆菌等。病鳅鳃部红肿，鳃失血，鳃丝发白，黏液增多。病鳅游动缓慢，体色暗淡，呼吸困难，常浮于水面。内脏器官为肝脏、肾脏微肿，有出血点，胆囊肿大，肠道无食物，肠壁充血。该病在水温15℃以上时发生，水温越高，流行越快，一般4～10月流行。

防治方法：

（1）保持良好水质，注意对寄生虫的监测。一旦发现寄生虫感染，应及时泼洒药物杀灭。

（2）发现病鳅及时捞出，用具及时消毒，同时避免用具交叉使用。

（3）发现病鳅的池塘，头天使用"鳅塘消毒灵"300克/亩，兑水泼均泼洒，隔天再泼洒一次"泥鳅菌毒克"300毫升/亩。

（4）每千克饲料中拌喂"炎立停"3克和"鳅保康"5克，连续使用4～5天。

129. 如何防治泥鳅水霉病？

泥鳅水霉病（彩图43）的病菌在早期不易被发现，当肉眼能发现时，菌丝已侵入伤口，并向外长出外菌丝，簇拥成棉絮状，俗称"毛霉病"或"白毛病"。霉菌能分泌大量蛋白分解酶，可将病鳅肌体组织降解而分泌出大量黏液，加重病情，使之食欲大减，衰弱而死。

由于水霉菌对温度的适应范围宽，即5～26℃均能生长繁殖，其最适繁殖水温范围是13～18℃，常在春、秋季或冬季，只要鱼类皮肤有创伤即可被感染。

防治方法：

（1）春秋季以及冬季，在水温较低情况下，避免机械损伤泥鳅皮肤，特别是在水温20℃以下，不要进行泥鳅转塘，池塘捞出的泥鳅不要再放回池塘养殖。

（2）投种前对塘或池严格消毒，一般采用"鳝宝腐霉灵"、生石灰或漂白粉。泥鳅苗入池时按要求进行消毒处理。

（3）发现此病第1天采用每亩水面用"泥鳅消毒灵"200克兑水均匀泼洒；第2天用"鳝宝腐霉灵"200～300毫升/亩兑水全池均匀泼洒；第4或第5天再用一次"鳝宝腐霉灵"兑水均匀泼洒。

130. 如何防治泥鳅白尾病？

该病属柱状嗜纤维菌感染，镜检时可发现大量杆菌，并伴有鳃部溃烂症状。初期鳅苗尾柄部位灰白，随后扩展至背鳍基部后面的全部体表，并由灰白色转为白色；鳅头朝下，尾部朝上，垂直于水面挣扎，严重者尾鳍部分或全部烂掉，随即死亡。每年6～8月为流行时段，主要表现在夏花前后，当鳅苗有寄生虫侵袭时，很快便被病原菌感染，继而流行。一般温度较高的季节，水质恶化和水位较浅易诱发此病。

防治方法：特别注意改善水质，加换新水，并提高池塘水位，保持水质清爽。每亩水面采用"泥鳅碘康"250毫升兑水均匀泼洒；每千克饲料中拌喂"泥鳅炎立停"2克和"鳅保康"3克，连续投喂3～5天。

131. 如何防治泥鳅胀气病？

症状：泥鳅腹部鼓胀，朝上漂浮在水面，轻者还可以挣扎着游到水里，但过不了多久就会重新浮上来；严重的浮在水面一动不动，不久就会死亡。从外观上看，泥鳅肚子鼓鼓的，充满气体，有的腹壁变得很薄，可隐约看到肠道颜色深浅相间。解剖可以看到泥鳅肠道一节饲料、一节气体，严重的并发肠炎。诱发此病主要是水中有害物质长期超标；水体长期溶氧较低，特别是投料采食时水体溶氧低所致，此病多见于台湾泥鳅养殖中。

防治措施：养殖过程中注意水质变化，重视水质调节，注意保持水体溶氧量，对养殖密度较高者，应安设增氧机。发生此病时应适当换水，加强池塘增氧，每亩撒食盐1～1.5千克；每千克料中加入3～5克"鳅保康"，连用3天。

第九章　泥鳅养殖常见问题

132. 新手如何开展泥鳅养殖?

刚开始接触泥鳅养殖,作为新手最主要的是养殖模式的确定、养殖苗种的选择和饲料的选择。

通过多年的养殖实践,泥鳅养殖模式有池塘养殖、稻田套养和藕塘套养。其中主要的,也是现在开展最广泛的是池塘养殖模式。池塘养殖是利用现成的鱼塘,或利用稻田加高加固田埂,开展泥鳅养殖。池塘养殖产量高,每亩每批出产泥鳅一般 1 000～1 500 千克,若水源条件好、池塘较深,养殖产量还可更高。稻田套养和藕塘套养属"一水两用、一地两用",充分考虑水稻、莲藕与泥鳅共生的需求,每亩面积出产泥鳅 150～300 千克,这种生态种养结合的方式特点是生产优质泥鳅、水稻和莲藕。

养殖者可以直接购买人工繁殖泥鳅苗开展养殖,销售的泥鳅苗主要为泥鳅开口苗和寸苗。泥鳅开口苗是孵化出几天的泥鳅小苗,而泥鳅寸苗是开口苗投放池塘培育 20～30 天的苗。作为初养者,特别是养殖面积较小者,建议直接购买泥鳅寸苗,因泥鳅苗达寸苗规格后,其抗病害、虫害的能力大大增强,对池塘条件要求相对粗放,管理更轻松,唯独苗种费用高一些。购买泥鳅开口苗投放养殖,泥鳅苗费用较低,养殖有一定的难度,对池塘投苗前准备以及小苗培育期间的管理要严格一些,这就需要系统掌握泥鳅苗培育及养殖技术,要有责任心的人员落实好投苗前的准备、培育期间的管理,否则泥鳅苗的成活率不高,会影响养殖产量。

无论养殖规模大小,无论是购哪种泥鳅苗,都应找从事泥鳅养殖时间长、有专业养殖经验、有后续服务团队的养殖单位,先进行考察、了解、学习掌握养殖技术,做好前期准备工作后,再有计划地投放泥鳅苗开展养殖。特别是养殖规模较大者，除掌握方法外，还需落实对泥鳅养殖有兴趣、有责任心、吃苦耐劳的养殖人员，只有认真落实好日常每项工作，才能取得较好的效果。

泥鳅属杂食性鱼类，人工养殖可以直接投喂配合饲料，并非随便投喂一些麦麸、米糠、豆渣等就可以的。配合饲料为专用泥鳅饲料或鱼饲料，尽量选择大厂的饲料，质量较为稳定。苗期用蛋白为 38％～40％ 的粉料，中后期采用 36％～38％ 的颗粒饲料投喂即可。

133. 建造养鳅池塘成本高吗？

建养鳅池塘应选择地势稍高、排水方便，且夏季洪水季节不会被淹没的地方。土质以黑土、黄土等较黏的土质为好，以利池塘保水。养殖户应据当地情况因地制宜，选择符合以上条件的地方建造养鳅池塘。如果有空闲的鱼塘，利用其养殖泥鳅，池塘基本不用改造，只需周围加上围网防逃，池塘上搭盖防鸟网，每亩池塘投入防逃网布和防鸟网费用仅几百元。一般鱼塘都比较深，可以增加养殖密度，同时塘埂宽大结实，不用担心塘埂垮塌，用于养殖泥鳅条件相当好。

利用稻田或空地建造养鳅池塘，需用挖机取土筑埂，池塘埂下宽上窄，埂表需推车运料，保证塘埂牢固，然后池塘周围埋设防逃网，池塘上盖防鸟网，这样一亩新塘的建设费用约 2 000 元。无论是鱼塘还是新建池塘，只要池塘埂结实不漏水，就实行土池饲养，无需做水泥埂化处理，不必担心泥鳅会打洞逃跑。

如果因特殊原因，池塘埂较窄，担心其不牢固或有可能漏水，需要对池塘埂用水泥硬化者，则于池塘埂内侧及埂表面铺铁丝网，然后用水泥抹上进行硬化，这样处理每亩增加建设费用 3 000～4 000 元。这种通过水泥硬化的池塘，投苗前半个月应加水浸泡脱碱，如果此池塘投放泥鳅寸苗或是寸苗以上规格的泥鳅苗，池塘还应在投苗前至少 10 天加水并开始培肥，须让池塘壁浸泡光滑，以免泥鳅苗投放后出现体表擦伤而感染，甚至出现死亡。

134. 池塘用塑料膜防渗漏效果好吗?

有些池塘泥土带沙,有些池塘埂较窄,池塘埂有漏水现象,需要对池塘埂进行防渗漏处理。由于使用水泥及沙子硬化成本高,且有的地方不允许对土地进行水泥硬化,于是很多养殖者就想到铺设塑料膜防渗漏,这样处理既简单,成本又低。有少数养殖者用普通塑料膜,也就是聚氯乙烯、聚丙烯、聚苯乙烯制成的塑料膜,这种塑料膜用于池塘埂防渗,在铺设处理上难度较大,由于塑料膜接口不易黏合,导致接口容易漏水,还由于塑料膜韧性较差,日常操作易损坏膜,导致泥鳅从损坏处和接口钻入而无法出来。另外,由于此塑料膜不耐高温,使用几个月后,裸露在空气中的部分老化爆裂,使用寿命较短,建议大家不要采用此作防渗漏材料。更多的养殖户是采用土工膜作防渗漏材料,土工膜属高密度聚乙烯膜,具有较强的刚性和韧性,机械强度好,耐环境应力开裂与耐撕裂强度性能好。但采用土工膜在铺设上还是要特别仔细,一是池塘埂坡斜度不宜过大,埂坡稍陡一些为好,这主要是土工膜为黑色,其吸热强,若埂坡太斜,会造成夏天池塘边水温过高;二是池塘埂坡表面尽量平整,并在土还未干时就应铺设土工膜,以防土干后刺破土工膜;三是在池塘四周埂底挖沟30~40厘米,将土工膜下端埋入沟内,然后回土压实;四是土工膜的接口一定要找专业人员处理,防止接口开裂而漏水跑鳅;五是在日常操作中特别注意,不要出现划破土工膜的现象,每批泥鳅出塘后应仔细检查土工膜是否有破损,破损处用土膜涂胶粘补。

135. 自行繁殖泥鳅苗开展养殖可行吗?

泥鳅苗种是制约泥鳅养殖大规模发展的重要环节,我国传统泥鳅养殖均采用收购野生泥鳅苗养殖,每年夏季泥鳅价格相对较低,养殖户在5~7月收购野生泥鳅投放池塘养殖,冬季泥鳅市场价格较高时起捕销售,赚取部分增重和季节差价,前几年养殖户每亩可以获得1万多元的利润,大量养殖户纷纷效仿这种养殖方式,养殖面积逐步增加。但由于野生泥鳅被大量捕捉，野生资源急剧减少，养殖苗种缺口越来越大，价格大幅上涨，导致养殖成本升高，养殖利润下降，甚至很多养殖户根本购不到泥鳅苗用于养殖。

四川省简阳市大众养殖有限公司，一直专注泥鳅繁殖探索实践，坚持泥鳅自繁自养，通过近10年的不懈努力，从泥鳅小苗的人工繁殖到泥鳅养殖上市，总结出一套系统的方法。通过自行繁殖泥鳅小苗，每亩养殖面积泥鳅苗成本仅花1 000元左右，可出产泥鳅1 500千克左右。有不少养殖户逐步采用自繁自养，并取得了不错的养殖效果，如湖南常德鼎城区王华文，在养殖基地掌握泥鳅繁殖及养殖技术后，回家开展泥鳅自繁自养，取得了很好的效果。

2014年王华文改建了近5亩池塘，准备先试养，效果好马上扩大规模。5月初购买野生泥鳅苗开展养殖。由于投放养殖没两天，泥鳅就开始陆续出现死亡，养殖中发现泥鳅苗长势较慢，10月初将泥鳅全部销售后，在不算改塘投入和人工的情况下，亏损1万多元。通过总结发现，野生泥鳅苗质量不好把控，泥鳅苗长势较慢，饲料的转化率也很低，再也不能采用这种方式养殖。他和家里人商量，还是找个专业的地方先考察，如果效果好，再学习下养殖技术，然后引进人工繁殖的泥鳅苗养殖。他到养殖基地参观考察后，改变了最初的想法，毅然决定扩大养殖规模，采取自繁自养的方式发展养殖。他学习回去后，于2015年春天将养殖场又扩建20亩，并且修建了两口孵化环道（彩图44、彩图45）。

2015年5月，引进台湾泥鳅种鳅，在专业技术人员到养殖场协助下，开始人工繁殖泥鳅苗，第1批繁殖的水花苗200万尾，直接投放两口池塘培育，通过近30天的培育，泥鳅苗已可以采食浮性颗粒料，一天吃食10多千克饲料，第1批泥鳅苗获得成功，后面完全由自己陆续进行繁殖生产。由于池塘偏浅和渗水厉害，2015年销售商品泥鳅1万多千克，卖了300来万泥鳅寸苗给周围的农户养殖，除去改建池塘等设施投入及人工的情况下，利润仅9万多元。第1年他认为自己还不是特别熟练，加之2015年泥鳅市场低迷，在这种情况下还能赚钱已很满足。

周围养殖户看到他养殖泥鳅效果不错，纷纷准备从他那里购泥鳅苗开展养殖。2016 年春天，王华文将池塘又进行改建，将池塘挖深，池塘埂加固，进行大量繁殖和培育泥鳅苗，在自己养殖的同时，为周围的农户提供泥鳅苗，带领大家一起养泥鳅。到 8 月中旬时，已为农户提供泥鳅水花苗和寸苗约 3 000 万尾，自己池塘已投苗养殖近 20 亩。

特别提示：因为泥鳅的繁殖具有一定的技术性，而且还得有培育的繁殖种鳅，要有适合做繁殖操作的人员，要有优良的繁殖种鳅，而且还要有一定养殖规模，采取自行繁殖泥鳅苗才能取得较好的效果，降低泥鳅苗成本才比较明显。所以建议如果养殖规模小，不用自行搞繁殖，可以直接购买泥鳅苗开展养殖，虽说表面上看购苗成本略高一些，但自行繁殖得掌握繁殖技术，得准备繁殖孵化设施，还要培育或购买种鳅，作为新手很多方面做得不一定到位，这样下来往往比直接购苗成本还高。泥鳅苗应到有实力、技术过硬、信誉较好的养殖单位购买，这样养殖技术、泥鳅苗品种、泥鳅苗质量和数量才有保障，这也是养殖成功的关键。对于 20 亩以上的大规模养殖，要配备认真负责能钻研技术的人员，掌握繁殖和养殖技术方法，开展泥鳅自繁自养，可以真正起到保证泥鳅苗质量，降低苗种成本的效果。

136. 养殖哪种泥鳅更好？

在动物分类学中，泥鳅属于鲤形目、鳅科、花鳅亚科、泥鳅属的鱼类。同属于鳅科的鱼类非常多，在我国就有 100 多种。由于各种泥鳅的生活习性和繁殖能力、生长速度都不是完全相同，所以采用人工繁殖最好选用各方面表现比较好的品种。在我国，目前被普遍用于养殖的泥鳅品种主要有 3 种，一是台湾泥鳅，二是大鳞副泥鳅，三是青鳅（真泥鳅、圆鳅）。在这 3 个品种中，养殖者首选的品种就是台湾泥鳅，其次是大鳞副泥鳅和青鳅，几种泥鳅对比如下。

（1）生长速度的对比　青鳅在人工养殖中，当年繁殖的小苗，经过几个月的饲养，其体重可达到 20 克/尾左右；大鳞副泥鳅在人工养殖中，当年繁殖的小苗经过几个月的饲养，其体重可达到 25 克/尾左右，早期培育的鳅苗规格还大一些，即可当年达到大规格上市。大鳞副泥鳅和青鳅的养殖周期一般为6个月左右，全国大部分地区一年只能出产一批商品。台湾泥鳅长势最快，繁殖的小苗通过3～4个月时间的饲养，就可达到每千克40～60尾能上市销售的规格，全国大部分地区抓紧生产时间，同一池塘一年可以出产两批商品，这样也就缩短了养殖管理的周期，资金周转也相对较快，变相地降低了养殖管理成本。

（2）**繁殖能力对比** 在养殖过程中，选择一个好的品种很重要，但要让这个好的品种延续下去更为重要，泥鳅也一样。所以我们选择优良的品种，其繁殖能力也是一项重要的标准。这也是很多科研单位一直在研究的核心问题。在此我们把两个品种的繁殖能力给大家做一个对比，繁殖能力最直接的体现就是在其怀卵量上。

通过我们多年对泥鳅繁殖的对比试验，发现真泥鳅的产卵量一般都在2 000粒/尾左右，而经过提纯选育的大鳞副泥鳅的产卵量都在3 000～5 000粒/尾（没有经过提纯的大鳞副泥鳅，由于在相同年龄个体相对小一些，其产卵量也要低一些）。台湾泥鳅的产卵量较高，一般都在5 000粒/尾以上。

（3）**市场的对比** 任何一种商品所能产生效益的高低，不仅要看其本身的质量好坏，而且很大的程度还取决于市场的前景。在我国，每年都有大量的泥鳅出口到国外，据有关部门统计，泥鳅的出口量大约占总产量的40%，而出口的泥鳅中，全部是与大鳞副泥鳅外部形态相似的"扁鳅"，目前还没有发现有真泥鳅（青鳅、圆鳅）出口的报道。在内销市场上，根据笔者对成都、武汉、南京等泥鳅市场的了解，前些年市场由于货源紧缺，全部都是混合销售，有的地方只是区别大小，并没有发现"扁鳅"和"圆鳅"存在价格差异。但随着近两年台湾泥鳅养殖规模的扩大，市场商品量大幅度增大，其销售价格有所下降，"扁鳅"和"圆鳅"的价格也逐步呈现差异，"圆鳅"的价格一般高出6～10元/千克，尤其在浙江市场，消费者对青鳅特别青睐，其销售价格往往也比其他地区要高一些。但笔者还是认为应该主要养殖台湾泥鳅和大鳞副泥鳅，因为其产量高，相对养殖成本要低一些。

综合内销和出口两个方面的市场状况，首选养殖台湾泥鳅和大鳞副泥鳅。也许有的养殖户认为自己的养殖规模小，就在当地销售，产品不可能出口。事实上，泥鳅出口一般都是由经销商组织的，产品被经销商收购后，究竟是内销还是出口，很多养殖户是不清楚的。如果出口价格高，必然会拉动"扁鳅"的市场价格。

137. 哪种规格泥鳅苗养殖成活率高？

全国大部分供种单位提供的泥鳅苗，主要是泥鳅水花苗和泥鳅寸苗。水花苗是孵化出 4 天左右的泥鳅苗，而寸苗则是培育了 20 多天、体长达 3～5 厘米规格的泥鳅苗。池塘投放泥鳅寸苗养殖，对池塘清塘、培水相对要简单一些，寸苗可以直接投喂颗粒浮性饲料，投喂管理也比较粗放。

泥鳅寸苗对敌害和病害的抵御能力增强，其成活率相对于水花苗较高，只要是健康的泥鳅寸苗，投放养殖成活率一般均可达到 95% 以上。投放寸苗养殖，管理较为轻松，要求相对粗放，但购买寸苗的费用相对较高。如果泥鳅上市销售时价格较好，其效益还是不错的；如果销售价格不大理想，那么要体现效益就较困难了。所以投放寸苗的市场抗风险能力要差一些。

泥鳅水花苗（彩图 46）由于个体较小、器官发育不完全，对饵料要求特殊一些，对敌害的抵御能力差，以至于对培育环境要求较严格。泥鳅水花苗大面积培育成活率一般在 20%～30%，池塘清塘及放苗前准备充足，管理较仔细的，培育成活率也可达 40% 左右。养殖者初听泥鳅水花苗的培育成活率，感觉成活率特别低，有望而却步的感觉。养殖生产中投放泥鳅水花苗，都采取加大投放量，以保证单位面积培育达寸苗的数量，才能保证单位面积的泥鳅产量。加大水花苗的投放量，苗种成本是不是很高呢？以一般每亩面积投放 40 万～50 万尾水花苗与每亩投放 8 万尾左右寸苗相比，其苗种费用也只占投放寸苗的 1/3，从苗种费用上还是有优势的。只不过投放泥鳅水花苗，得有一定的培育经验，管理上要有适合的人员，得从池塘的准备、投苗前的一系列工作做到位，培育中细心的观察和照料，及时发现不足之处，并迅速采取措施，这样才能达到较好的培育效果，当泥鳅水花苗培育达寸苗规格后就轻松多了。

了解泥鳅苗各自的特点，养殖户可根据自己的资金状况、养殖池塘面积和条件、人员配备等情况，选择投放适合自己养殖的泥鳅苗。

138. 自配泥鳅饲料可行吗？

养殖泥鳅最大的投入是饲料开支，以一般一亩面积出产泥鳅1 000千克为例，需要饲料约为1.3吨，一个面积为50亩的养殖场，养殖一批泥鳅需要饲料60多吨，所以，特别是规模养殖者为降低养殖成本，打算自行配制生产饲料，如果能从饲料上降低成本，可增加养殖效益。但大家做的效果怎么样呢？通过多年大量试验，不断筛选配方，自行配制粉料和加工硬颗粒料，与通威饲料和斯特佳等厂家的饲料做投喂对比试验。通过近3年时间的试验，自配饲料饲养泥鳅的周期比用厂家料长，自配饲料的转化率始终达不到厂家的效果，而且用自配料的养殖成本还高一些。笔者也了解了一些自己配制饲料的养殖户，效果与试验结果差不多。为什么是这样的结果呢？通过试验和与一些饲料厂家交流发现，自配饲料效果不佳主要有以下几个原因：

（1）配方设计不理想，没有专业的营养师，不能根据不同阶段泥鳅生长所需营养需求制订配方，不能根据原料的改变而调整配方；

（2）采购原料价格偏高，因为需要原料量小，不能争取到较低的原料价格；

（3）没有检测设备对采购的原料营养指标进行检测，导致采食原料营养不达标；

（4）加工工艺落后，由于没有专业的饲料加工机械，饲料加工粗糙，饲料的利用率不高。自配饲料只能加工硬颗粒沉性饲料，泥鳅投喂这种饲料的浪费较大。生产高品质饲料，特别是生产浮性饲料需要的加工机械都是成百上千万，养殖场无能力购置。

从以上不难发现，要想从自配饲料降低成本是相当困难的，养殖

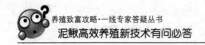
规模大的养殖户可以找饲料生产厂家洽谈，争取一个较低的采购饲料价格，养殖规模较小者，可以与养殖规模大者联系统一进货，尽量争取到一个较低的价格，从而降低养殖饲料成本。

139. 泥鳅养殖产量如何？

泥鳅养殖产量与池塘条件和养殖品种有关，以养殖台湾泥鳅为例，一亩养殖面积保证 7.5 万～8 万尾成品泥鳅，以养殖到每千克40～50 尾规格上市，一亩可以出产商品泥鳅 1 500～2 000 千克。池塘水位较深，而且水源方便，管理水平更高，泥鳅苗投放密度还可提高，出产商品泥鳅更多，养殖产量就更高。

生产养殖主要根据池塘和水源条件，以及管理水平，先设计大约亩产量，预计泥鳅起捕上市规格，再估算泥鳅要投放多少泥鳅苗，才能保证出产商品泥鳅的尾数，然后才有可能达到设计的亩产量。比如设计亩产量为 1 200 千克，泥鳅上市销售的规格为 50 尾/千克，一亩需要 6 万尾成品泥鳅，那么需要亩投泥鳅寸苗 6.5 万～7 万尾，或投泥鳅水花苗 40 万尾左右。如果条件好需要提高出产量，那么亩投入泥鳅苗的数量就还要增加。当然养殖不是做做计算题，需要养殖者掌握养殖技术，认真仔细地落实好生产操作，除做好苗期培育工作，后期的育肥工作同样不能马虎，如日常管理好水质、选择合适的饲料、做好日常预防工作等，如果中途某一环节出问题，都将直接影响整体养殖效果，有可能使前面的数学题白做。

140. 稻田套养泥鳅效益怎么样？

稻田套养泥鳅，属于生态养殖模式，是将稻田稍稍改建，于稻田四周挖鱼沟，鱼沟内养泥鳅，鱼沟外种植水稻。这种养殖模式在保证水稻产量的基础上，还能出产泥鳅，由于整个养殖过程不施用化肥、不施用农药，生产的泥鳅和水稻品质较好，销售价格比一般养殖的泥鳅和种植的水稻价格高，从而效益比单纯种水稻高。稻田套养泥鳅一般亩投放泥鳅苗 1.5 万尾左右，一般可产泥鳅 250 千克左右，销售泥鳅的利润就可达 3 000 元左右。而且这样种出的水稻品质好，销售价格好，还可以提高经济效益。

简阳市云龙镇晋斌 2016 年将自己的 12 亩稻田周围挖沟，栽种水稻后购买了 15 万尾泥鳅苗，泥鳅日常采食稻田昆虫，投料量相对不大，养殖到 8 月中旬开始起捕销售，共销售泥鳅 2 680 千克，毛收入 67 000 元。除去购买泥鳅苗和饲料等成本 33 870 元，纯收入 33 100 元，每亩稻田增加收入近 2 800 元，其效益比种水稻还高。而且水稻的状况相当好，到 9 月份又可以收获水稻，由于水稻只是在栽种时施了有机肥，没有施用农药，相信水稻还能卖个好价格。

141. 泥鳅暂存需要注意什么？

泥鳅需要暂时存放，主要是繁殖种鳅和商品泥鳅。存放不当易造成泥鳅损伤，从而感染发病，甚至出现死亡，每年都会发生许多这种现象。

养殖户需要引进种鳅，最好是在水温 20℃ 以上的季节，因种鳅的起捕和运输多少会造成一点皮肤受损，在水温低的情况下易感染水霉菌，导致泥鳅体表长水霉，皮肤溃烂，泥鳅的死亡率很高。有经验的养殖户是不会在秋冬低温的季节购买种鳅的，此季节转塘的泥鳅，或是起捕运输后的泥鳅很容易出问题。就算是在水温高于 20℃ 的季节，也要注意存放的方法，否则也会出现感染，甚至死亡现象。引进种鳅前准备土池塘，土池塘的面积视种鳅数量而定，种鳅少可选面积较小的土池塘，便于繁殖时捕捞。土池塘提前 10 天消毒，然后培肥水体，投入种鳅后须采用"消毒灵"和"腐霉灵"分别进行消毒处理，以防感染病菌。种鳅投放池塘后要正常投喂，并在饲料中拌喂"炎立停"和"鳅保康"内服防病。许多养殖者以前是用水泥池或网箱暂存种鳅，泥鳅很容易在水泥池壁或网箱壁上摩擦再次受伤，感染极为严重，所以建议不要采用此方式存放。如果确需水泥池存放，只能存放大鳞副泥鳅和青鳅等，不能存放台湾泥鳅，因台湾泥鳅好动，更易出现擦伤感染现象。水泥池和网箱投放泥鳅前，加水培肥浸泡，使池壁滋生藻及青苔变光滑，效果会稍好一些，但放进去的泥鳅同样要注意消毒处理、防感染。若是在繁殖季节引进种鳅，能在3～5天内繁殖催产完毕，可以将种鳅放在光滑的塑料容器中，存放过程中每天注意更换新水。

池塘起捕泥鳅上市销售，当天起捕的泥鳅数量不够装车，需要等第2天起捕数量多一些才运走，这种暂放1～2天的情况，可以将泥鳅放在光滑的塑料桶或塑料箱中，中途发现容器中水混浊时应加换新水，若容器不够用才放到水泥池中（水泥池提前加水浸泡使池壁光滑），只在水泥池中暂放1～2天后就卖掉了，一般还不会出问题。

142. 野生泥鳅暂养模式可行吗？

在江苏赣榆县墩尚镇，池塘围网养殖泥鳅刚刚兴起时，部分养殖户利用泥鳅市场的季节差价，在一年中开展多批次的泥鳅养殖，获得了非常可观的经济效益（据当地养殖者介绍，获利较高的每亩纯利达到7万元以上）。但是，由于这些养殖户的养殖利润多数来自于泥鳅的季节差价，实际的养殖增重创造的利润并不是非常可观。

近年来，由于赣榆县周边县市及邻近省份的泥鳅养殖也逐步发展起来，野生泥鳅苗的价格上涨，泥鳅的季节差价迅速缩小，依靠收购泥鳅进行贮养赚取季节差价的可能性越来越小。同时，由于收购来的野生泥鳅普遍规格比较大（平均在10克/尾左右），泥鳅的增重空间非常小，养殖增重所带来的效益非常有限。依靠传统方法开展池塘围网养殖泥鳅虽然还是有比较可观的经济效益，但由于这种传统的养殖经营模式是建立在大量投苗的基础上，其养殖投入也是非常大的。由于大家在养殖季节抢购泥鳅苗，苗种质量难以得到保障，经常有养殖户投放的泥鳅出现大量死亡的现象。近年来特别是四川、重庆等野生泥鳅资源较少的地区，许多养殖户到某些养殖单位那里购买所谓的泥鳅规格苗，其实就是从野生泥鳅中筛出的小苗，每千克价格高达50元左右，这些泥鳅苗通过他们长途运输并反复倒卖并冒称是人工繁殖泥鳅苗，这种泥鳅苗用于养殖成活率相当低，并且泥鳅苗品种混杂，生长速度相当慢。

捕捞的野生泥鳅由于各地的捕捞、贮存和运输的方法存在一些差异，所以，严格地说，并不是所有地区收购的野生泥鳅都可以如江苏养殖户那样一次性、大批量地投放到池塘中去开展养殖。对于一些当地尚没有人开展批量收购野生泥鳅进行养殖的地区，养殖者在收购野生泥鳅开展养殖时，最好先少量收购，投放观察直到其度过危险期并获得了较高的成活率时，再考虑逐步扩大收购数量。江苏养殖户投放的野生泥鳅，在整个养殖期内捞起的死鳅重量一般占投放总量的5％～10％（由于死泥鳅身体内的有机物经过发酵，浮出水面的死鳅会部分脱水，死鳅的重量只有活鳅的60％～70％），实际死亡率一般在10％～15％。

购买野生泥鳅养殖，由于泥鳅的季节价格差异较小，泥鳅的增重效益并不明显，还有就是野生泥鳅苗的质量堪忧，所以野生泥鳅暂养很难获得效益，甚至出现严重亏损的现象。随着泥鳅的繁殖技术和泥鳅苗培育技术的普及，人工繁殖的泥鳅苗完全可以满足大规模养殖的需要，人工繁殖的泥鳅苗无论从品种和质量上均比野生泥鳅优异，养殖户完全可以采用人工繁殖泥鳅苗开展养殖。

第十章 光合细菌在泥鳅养殖中的应用

143. 光合细菌在泥鳅养殖中有什么作用？

（1）光合细菌概述 光合细菌（photo synthetic bacter ia，简称PSB）属细菌的一类，有紫硫菌、绿硫菌、紫色非硫细菌和绿色非硫细菌。这里主要介绍的紫色非硫细菌，属兼性厌氧菌，原核生物，光能异养型原核生物门，红色光合细菌纲，红螺菌目，红螺菌科，红假单胞菌属。它们以光和热为能源，主要利用有机物中的碳，同化其他营养元素进行生长繁殖，是高营养、高效能、多用途的有益微生物。

光合细菌又称光养细菌，是能进行光合作用的一群原核生物。广泛分布于湖泊、海洋、土壤中，是地球上最古老的生物之一。人类对光合细菌的认识始于 19 世纪 30 年代，我国早在 20 世纪 50 年代就对光合细菌进行了一些基础理论研究。1987 年 11 月，在上海召开的"第一届光合细菌国际学术会议"大大推动了我国光合细菌的基础性研究和应用研究，并取得很大的进展，诸多研究结果表明，光合细菌在农业、环保、医药等方面均有较高的应用价值。现已开发的光合细菌包括 1 目、2 亚目、4 科、19 属，共约 49 种，其中应用于水产养殖中较多的是红色无硫菌科，一般以紫色非硫细菌和紫硫细菌较为普遍。近 20 年来，以小林正泰（1981）、小川静夫（1985）等为代表的一批学者首先把它应用于高浓度有机废水处理，并把它作为优质饲料和饵料，开展了水产、畜牧养殖等多方面试验。取得了显著成效。此后，我国学者亦于近年对光合细菌在水产上的应用进行了多方面的研究。

（2）光合细菌生物学特性 光合细菌广泛分布于自然界的土壤、

水田、沼泽、湖泊、江海等处，主要分布于水生环境中光线能透射到的缺氧区。光合细菌的适宜水温为 $15\sim40℃$，最适水温范围为 $28\sim36℃$。它的细胞干物质中蛋白质含量高达到 60% 以上，其蛋白质氨基酸组成比较齐全，细胞中还含有多种维生素，尤其是 B 族维生素极为丰富，维生素 B_2、叶酸、泛酸、生物素的含量较高，同时还含有大量的类胡萝卜素、辅酶 Q 等生理活性物质。因此，光合细菌具有很高的营养价值，这正是它在水产养殖中作为培水饵料及作为饲料添加成分物质基础。

光合细菌在有光照缺氧的环境中能进行光合作用，利用光能进行光合作用，利用光能同化二氧化碳，与绿色植物不同的是，它们的光合作用是不产氧的。光合细菌细胞内只有一个光系统，进行光合作用的结果是产生了氢气，分解有机物，同时还能固定空气的分子氮生氨。光合细菌在自身的同化代谢过程中，又完成了产氢、固氮、分解有机物 3 个自然界物质循环中极为重要的化学过程。这些独特的生理特性使它们在生态系统中的地位显得极为重要。

(3) 光合细菌作用原理 光合细菌在有光照缺氧的环境中能进行光合作用，利用光能进行光合作用，利用光能同化二氧化碳，与绿色植物不同的是，它们的光合作用是不产氧的。光合细菌在自身的同化代谢过程中，又完成了产氢、固氮、分解有机物 3 个自然界物质循环中极为重要的化学过程。这些独特的生理特性使它们在生态系统中的地位显得极为重要。

在水产养殖中运用的光合细菌主要是光能异养型红螺菌科（Rhodospirillaceae）中的一些品种，如沼泽红假单胞菌（*Rhodopseudanonas palustris*）。

在自然界淡、海水中通常每毫升含有近百个 PSB 菌，光合细菌的菌体以有机酸、氨基酸、氨和糖类等有机物和硫化氢作为供氧体，通过光合磷酸化获得能量，在水中光照条件下可直接利用降解有机质和硫化氢并使自身得以增殖，同时净化了水体。除此之外，细胞内还含有碳素储存物质糖原和聚 β-羟基丁酸、辅酶 Q、抗病毒物质和生长促进因子，具有很高的饲料价值，在养殖业上有广阔的应用前景。PSB 在厌氧光照条件下，能利用低级脂肪酸、多种二羧酸、醇类、糖类、芳香族化合物等低分子有机物作为光合作用的电子受体，进行光能厌氧生长。在黑暗条件下能利用有机物作为呼吸基质进行好氧或厌养生长。光合细菌不仅能在厌氧光照下利用光能同化 CO_2，而且还能在某些条件下进行固氮作用和在固氮酶作用下产氢。另外，有些菌种在黑暗厌氧条件下经丙酮酸代谢系统作用也可产氢。光合细菌还能利用许多有机物质如有机酸。醇、糖类转化某些有毒物质如 H_2S 和某些芳香族化合物等。PSB 通过生物转化，可合成无毒、无副作用且富含各类营养物质的菌体蛋白，不仅改善了生态环境，还为养殖业提供了高质量的饲料原料。PSB 菌体中对动物生长有促进作用的维生素 B_{12}、生物素、泛酸、类胡萝卜素、叶绿素以及与造血、血红蛋白形成有关的叶酸的含量远高于一般微生物，尤其含有人工不能合成的生物素 D-异构体。这些物质在动物机体内都具有显著生理活性

在水产养殖中，养殖池按水中溶解氧含量的大小由表层向底部可分为好氧区和厌氧区。表层生物繁殖旺盛，水质一般较好，底层则积累了鱼虾的排泄物和未消耗尽的食物残料，有机质丰富，造成微生物的大量繁殖，消耗了水中大量的氧气，导致底层形成无氧环境，硫酸盐还原菌大量繁殖，产生对鱼虾有毒害作用的硫化氢、酸性物质等。养殖地底层的这种环境正好是适于光合细菌生存的厌氧条件，二是光线通过上面覆盖的有氧水层这个光线过滤器，使光合细菌可以吸收到适宜生长的 450～550 纳米波长光。光合细菌利用地底的鱼虾排泄物、食物残料以及有毒有害的硫化氢、酸性物质作为基质大量繁殖，提高水体中溶解氧含量，调节 pH，并使氨氮、亚硝酸态氮、硝酸态氮含量降低，池底淤泥蓄积量减少，有益于藻类和微型生物数量的增加，使水体得以净化。PSB 可进行光合成、有氧呼吸、固氮、固碳等生理机能，且富含蛋白质、维生素、促生长因子、免疫因子等营养成分，在功能上可与抗生素相媲美，并且更具有安全性，是生物工程具有前景的研究领域之一。光合细菌制剂还具有独特的抗病、促生长功能，大大提高了生产性能，在应用方面显示了越来越巨大的潜力。其他还在净化水质、鱼虾养殖、畜禽饲养、有机肥料及新能源的开发方面有着广阔的应用前景。

144. 如何培育生产光合细菌?

（1）光合细菌培养条件　光合细菌细胞体构成的元素主要有：碳、氢、氧、氮、磷、钾、钠、镁、钙、硫和一些微量元素等，它们也是所有生物细胞构成的主要物质。一般情况下，细胞鲜重：水占80%～90%、无机盐1%～1.5%、蛋白质7%～10%、脂肪1%～2%、糖类和其他有机物1%～1.5%。其中干细胞含碳45%～55%，氢5%～10%、氧20%～30%、氮5%～13%、磷3%～5%，其他矿物元素3%～5%。光合细菌的细胞壁具有半透性，能选择性地让一些营养元素按一定比例进入，在酶的作用下合成自己的细胞组织和裂变的新个体。

营养元素的全面和搭配的合理，是营养条件的关键。根据这一要求，选用多种无基原料，科学配方，经特殊加工而成的"光合细菌培养基"，基本符合光合菌的生繁殖所需的营养要求，无毒副作用，使用安全，固状结晶体便于包装和运输，而且有2年的保质期。用其生产菌液每毫升含有30亿～50亿个活菌体，每千克成本不到0.3元，且现制现用，质量明显优于市场出售的同类产品。

光合细菌培养基是光合细菌生长繁殖所需各种营养元素的组合体。每种原料都能得以充分利用，最大限度地生产高浓度的菌液，因此，单位效价的光合细菌菌液生产成本低、质量好，这无论是对于用户、经销商还是厂家都有很大的益处，对在工业和农业中的推广和普及将产生深远的影响。

有了营养全面的光合细菌培养基，只是给光合细菌提供了"食物"，还需要有适宜光合细菌生长的环境条件，才能培养出优质的菌液，环境条件具体有以下几个方面：

①培养介质：含菌量较低的清洁淡水、海水或加食盐的淡水。从经济、实用的角度考虑，地下水含菌量低，为最佳水源；清洁的地表水也可使用；含氯量较高的自来水应敞口放置2～3天后使用；蒸馏水及纯净水固然很好，但是成本太高。

②酸碱度：pH7.5～8.5最佳（适宜范围6～10）。

③水硬度：pH 中性时 10 度以下，即调节 pH 至 8 左右时，培养介质中的乳白色沉淀物不宜过多。

④温度：25～34℃最佳（适宜范围 15～40℃）。

⑤光照：3 000～4 000 勒克斯最佳，即每 25 千克菌液需要 60 瓦左右的电灯光照强度。

⑥透气性：密闭培养效果最好。

⑦容器：透明的容器或透明塑料袋。

（2）光合细菌的培育方法　由于光合细菌系水剂，包装、运输成本高昂，一般市场售价高达每千克 5～8 元。按规定用量使用一个夏天，一般每亩投入需要 150～200 元。一些养殖户为了节约开支，将每亩施用 5 千克的常规用量降低到仅用 1 千克，导致净化水质的效果大打折扣。

采取直接购进光合细菌培养基，按照培育方法加入菌种和水，即可在 3～5 天时间内培养出大量的合格光合细菌菌液，产品符合国家相关标准（每毫升含光合细菌 30 亿以上），每千克光合细菌菌液的生产成本在 0.3 元以内。这样，按规定标准进行使用，每亩每次也仅需花费 1 元多钱，一年也仅 10 多元钱。

自行培育光合细菌的方法非常简单，因而适合用户在普通家庭条件下进行生产培育。培育光合细菌主要注意应满足适宜的温度和光照，一般采取室外培育或室内培育。由于冬季温度较低，光照时间较短，使用光合细菌也相对较少，而且室内培育需要保温和补光，增加了培育成本，所以温度低的季节一般不进行培育；若低温季节确需使用光合细菌，可以在温度较好的季节增加培育量，保存光合细菌以备使用。所以，培育光合细菌普遍采用室外阳光培育方法。

①室外阳光小批量培育光合细菌（彩图 47）：首次培育光合细菌的量，主要看我们的菌种有多少，若有足够的菌种，则首次培育即可进行大批量培育，但如果菌种数量较少或使用量本身不大，则可以使用塑料瓶等小型容器进行小批量的培育。

首次培育由于光合细菌菌种数量不多，或是使用光合细菌的量不大，可以先少量培育生产或先行扩种，以后再大批量生产。一袋光合细菌培养基可生产 100 千克光合细菌，生产时光合菌菌种加入量不低于培养量的 20%，食盐加入量为培养量的 1.8%。

以下以培育生产 100 千克光合细菌为例介绍整个培育方法。

培育 100 千克光合细菌所需原料："鳝宝"光合细菌培养基一袋（440 克）、光合细菌菌种 20 千克、食盐 1.8 千克、清洁水 80 千克。这里需要注意的是水为不含消毒剂、杀菌剂的清洁水源，一般采用地下水提前 1 天曝气即可。如果没有地下水而采用自来水，需提前 2～3 天盛入容器进行曝气。

培育容器：可用 20 个容积为 5 千克的透明塑料桶（一般装食用油的油桶，每桶可装 5 千克，清洗干净即可），或者采用 7～8 尾鱼苗袋。也可采用透明的装纯净水的水桶或矿泉水瓶子。

培育生产时将一袋光合菌基、20 千克菌种、1.8 千克食盐及 80 千克水充分混合均匀，然后分装到塑料桶或鱼苗袋中密封，置于室外阳光下培育即可。具体做法为：先取少量水将光合菌基一袋溶化后倒入一个能盛装 100 千克的容器，再取少量水将 1.8 千克食盐溶化倒入其中，然后加入 20 千克光合细菌菌种，最后加入清洁水，直至整个培养液达 100 千克，加入过程不断搅拌，让原料充分混合均匀，配好后将培养液分到塑料桶或鱼苗袋密封培育。

将塑料桶或鱼苗袋放到室外阳光下培育，如果阳光过于强烈以致室外温度超过 35℃时，应适当遮阳以降温，培育过程中每天摇动培育容器 1～2 次，晚上不作任何处理。经光照培育，菌液颜色会变成粉红色，随着培育时间的加长，其颜色会逐步转变成紫红色，这个过程一般需要 7 天左右。

产品检测：培育完成的光合细菌是否合格，从颜色、气味、pH 3 个方面进行检测。合格产品的颜色应该是紫红色，开盖能闻到一股特殊的臭味，用 pH 试纸测试其 pH 应在 8 以上。

光合细菌的培育时间与培育时的天气状况相关，如果天气较好阳光充足，一般 7 天左右即可培育完成，如果遇阴天或气温偏低，培育时间会延长。培育合格的光合细菌即可使用，也可作菌种继续扩大培育。

②室外阳光批量培育光合细菌：通过陆续培育获得了一定量的菌种后，即可根据自己的使用量进行批量生产培育。以下以生产 1 000

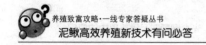
千克光合细菌为例介绍整个培育方法。

培育1 000千克光合细菌所需原料:"鳝宝"光合细菌培养基10袋(4 400克)、光合细菌菌种200千克、食盐18千克、清洁水800千克。这里需要注意的是水为不含消毒剂、杀菌剂的清洁水源,一般采用地下水提前1天曝气即可。如果没有地下水而采用自来水,需提前2~3天曝气。

培育容器:批量培育光合细菌一般采用塑料袋(青贮饲料的筒状塑料袋)较为经济实用,剪取一段6米左右的塑料袋备用。

批量培育应选择地势平坦、阳光充足的地方。地面最好是平整光滑的水泥地面,以防弄破塑料袋。如果地面粗糙,应先用尼龙袋等垫好,再放培育塑料袋。培育生产时将塑料袋一端用绳子捆牢,用一塑料桶盛装清洁水30~50千克,往桶中加入10袋光合菌基和18千克食盐充分搅拌溶化,然后将桶中溶液舀入塑料袋,舀入溶液时同时加入清洁水和光合菌种,光合菌种量为200千克,加入水的量为800千克,完成后将袋口捆牢,然后将培育袋两端分别提几下,让培养液混合均匀,操作时注意掌握分寸,不要弄破塑料袋为宜(彩图48)。

培育袋在室外阳光下培育,如果阳光过于强烈以致室外温度超过35℃时,应适当遮阳以降温,培育过程中每天摇动培育容器1~2次,晚上不作任何处理。经光照培育,菌液颜色会变成粉红色,随着培育时间的加长,其颜色会逐步转变成紫红色,这个过程一般需要7天左右。

③室内灯光培育光合细菌:光合细菌主要采用自然光照培育,操作简便,生产成本低,较容易大批量生产,所以建议大家根据自己的用量,在温度较好、光照较好的季节大量生产,以供满足生产需要。尽量不在温度较低、光照较差的季节生产,如早春、晚秋和冬季,因在这些时候生产光合细菌需要增温和补光,增加培育设施成本和能源成本,从而使培育光合细菌成本增加,进行大批量生产操作较为困难。

若在早春、晚秋和冬季温度较低时确需培育光合细菌,就应采取增温补光方式进行培育,与自然培育不同的是需要准备增温补光装置和保温设施。

增温补光装置：一般使用白炽灯泡，灯泡功率根据生产量及当时气温而定，一般使用 40～200 瓦不等，保证生产时温度为 20～40℃为宜。

保温设施：培育保温装置一般采用大纸箱或自制木箱等，箱的大小根据生产量而定。

培育容器：一般采用容积 5 千克的透明塑料瓶（清洗衣干净的色拉油瓶即可），便于放入纸箱或木箱中进行培育。

先按生产比例在一塑料桶中加入清洁水、光合细菌培养基、食盐和光合菌种，原料要求及配制方法参考室外阳光培育光合细菌。加入原料后充分搅拌配制成培养液，然后将培养液装入塑料瓶，再将塑料瓶放入纸箱，在纸箱顶部吊一个白炽灯泡，然后盖好纸箱进行培育。培育中注意观察箱内情况，若箱内温度过高或过低应及时更换灯泡，适当调节灯泡高度，以防止灯泡过低烫坏光合细菌，每天开箱将塑料瓶提出摇晃后再放入，并调换塑料瓶位置（即将中间部分调到边上），以保证菌液受光均匀。经常检查灯泡情况，不要靠箱太近，以防止火灾发生。

一般 7 天左右检查培育光合菌的颜色、pH 及臭味，培育合格即可使用，若指标未达到，应继续培育。

（3）光合细菌培育注意事项

①培育时间：光合细菌的培育时间一般为 7 天左右，但如果遇到光照少或温度偏低，培育时间会延长。很多用户反映首次培育时温度和光照都较好，但培育 7 天左右都还不合格，这主要是光合细菌还没有适应当地的水质，建议首次培育时可加大光合细菌菌种比例，培育合格后的菌液再生产时就正常了。

②培育的菌液颜色偏淡：这主要是由于菌种加入量过少、菌种老化、杂菌过多、光照不足、温度过高或过低、水的硬度过高，将其调节正常即可解决。

③培育的菌液颜色变黑：主要是气温较高的季节，刚培育好的菌液因长时间失去光照。应及时将其移到阳光下补光，基本可以变红。

④培育的菌液颜色变绿：可能是菌液中绿硫菌大量繁殖所致，建议培育时容器一定要清洗干净，更换水源采用新的菌种再行培育。

145. 光合细菌如何保存？

光合细菌生长繁殖除营养条件外，还与光照和温度有关。温度适宜，即使光照不足，也会生长，只是速度缓慢；温度较低，即使光照充足，也很难生长甚至停止生长；温度过高，则会老化而死。因此保存菌液，温度是关键。

成品菌液应存放在温度较低的地方，15℃以下为最佳，并保持一定的光照（每天不低于 2 小时）。这是因为光合细菌在营养、光照、温度都适宜的情况下，形成，一定速度的生长态势，即"生长惯性"。处在生长高峰期的光合细菌，其生长惯性很强，此时如果突然失去光照或光照很弱，5～10 天后，会出现生长旺盛的光合细菌因光合作用失衡，而导致菌体细胞大量死亡，使菌液发黑，并有恶臭。刚开始发黑时，施以适当光照即能缓解。所以，刚培养好的菌液应尽量降温，逐步减少光照，以减弱生长惯性。到了生长惯性很弱或没有的时候，光合细菌就进入稳定期（保存期），此时阴凉避光保存会延长保存期，一般可保存 6 个月左右。

一般情况下，用户在生产过程中，对菌液的保存无须作特别处理。气温高的季节，在阳光下培养，成熟的菌液仍置于阳光下，不必避光，保存期 2～3 个月，在此期间可反复培养续种。秋天气温下降后，培养好一批菌液过冬，冰冻前移至室内避光保存，保存期可达 8 个月左右。

光合细菌保存期的长短，主要取决于温度的高低。温度越低，保存期越长，反之越短。在夏季高温季节，若暂时不使用需要保存菌种，最好在中途进行适量的培育续种，这时一般用保存时间不超过 3 个月的菌种续种为好，然后将培育的菌液保存，或将少量菌液放入冰箱保鲜室进行长期保种。

146. 光合细菌在泥鳅养殖中如何使用？

（1）净化水质、防鱼病　现在泥鳅、黄鳝、四大家鱼、虾等水产养殖密度逐步加大，加上大量投喂人工饵料等，水质很容易恶化，为解决这个问题，我国水产养殖正在普遍推广光合细菌来净化水质。光合细菌在水产上的应用是因为其具有优良的特性，光合细菌的固氮作用将水体中的游离氮气固定在自身体内，使得生态系统中的氮含量增加，这对氮限制的水体更有意义。光合细菌能驱除水体中的小分子有机物、硫化氢等有害物质，降低池塘有机物的积累以净化水质，并能促进物质循环利用。光合细菌能显著抑制某些致病菌的生长繁殖，达到以菌治菌的目的。光合细菌主要靠生长繁殖来利用水体中的有机物和铵盐等来净化水质，只有当菌体达数量达到相当的规模时才能显现明显的净化效果，所以要达到较明显的净化效果需要在养殖塘提前就使用光合细菌，不要等到水体都大量出现污染情况时才使用光合细菌，否则在短期内起不到明显的净化效果。在以往的使用中，有些养殖户反映用了光合细菌效果不明显，这主要是其养殖水体都已经出现明显污染了，才开始泼洒光合菌，所以刚用后没有看到水质明显变好。

实际使用时应在苗种投放池塘前 7～15 天，或高温季节到来前 1 个月左右即开始施用，成鱼养殖一般每亩每次使用光合细菌 5 千克，兑水 20 倍左右（即兑水 100 千克）均匀泼洒，每隔 10～15 天泼洒 1 次。光合细菌宜在晴天有阳光时使用，不宜在阴雨天使用。光合细菌不能与消毒、杀菌剂混合使用，养殖过程中防治病害使用了消毒、杀菌药品，一般需要 5 天以后才能泼洒光合细菌，所以应安排好日常防病用药与使用光合细菌的时间。

使用光合细菌后的效果随着使用时间的增长越来越明显，刚开始使用时从表面不易直观地看到使用效果，特别是水体已经污染的情况下才使用光合细菌，使用后短时间感觉效果不明显。要直观地判定用后是否有效，可以在使用前测试池塘水体的氨氮、溶解氧等水体指标，使用后再测试水体指标对比，就可以知道水体有害物质降低，水质在逐步变好。

光合细菌对鱼的传染病，特别是细菌和真菌病害有很好的防治效果。养殖过程中每隔 10～15 天泼洒 1 次，既能起到净化水质的作用，又起到较好的防病作用。

（2）用于培育苗种 光合细菌对促进幼体生长、变态和提高成活率都有很好的效果，一是净化水质，改善幼体的生存环境；二是作为饵料被水花苗、贝类的幼体和对虾的蚤状幼体等摄食。从幼体破膜至出苗的整个育苗期间均可施用光合细菌，每天早晚各投1次，将光合细菌稀释后全池泼洒，或与豆浆、蛋黄等饵料混合投喂。水花鱼苗投放1～7天内，按5毫克/升（即每立方米水体5毫升）全池泼洒光合细菌，以后视水质情况适当增加。同时以干料的4%加入豆浆中投喂。10天后在泼洒的豆浆中加入5%～10%的光合细菌，每天2次。

（3）作为动物性生物饵料的饵料 有研究表明，光合细菌的菌体无毒，营养丰富，蛋白质含量高达64.1%～66%，脂肪7.18%，粗纤维2.78%，碳水化合物23.0%，灰分4.28%，每克干菌体相当于21千焦热量。PSB不仅蛋白质丰富，而且氨基酸组成齐全，光合细菌蛋白水解后，其氨基酸含量丰富。

轮虫、枝角类、丰年虫等浮游动物是养殖业中常用的饵料。由于光合细菌营养非常丰富且个体较小，因此是枝角类和轮虫等饵料生物最适宜的饵料之一。

朱厉华等（1997）用光合细菌混以藻类培养轮虫，轮虫的增殖率明显高于单一的藻类、酵母培养组；小林正泰（1981）将光合细菌与酵母、小球藻三者对枝角类、轮虫的增殖效果进行比较，结果以光合细菌为好。王金秋等（1999）报道，养殖水体因投喂光合细菌，水体中的枝角类和昆虫生长繁殖速度加快，数量增加。张明等（1999）证明，用光合细菌培养的枝角类数量是酵母和小球藻培养的2～4倍；培养的蚤和轮虫的氨基酸含量明显增加，品质也更加接近天然生长的浮游动物。许兵（1992）用球型红细菌的新鲜培养物，混以青岛大扁藻和海洋酵母培养的轮虫，也高于光合细菌和海洋酵母混合培养的轮虫。

（4）作饲料添加剂 光合细菌本身营养丰富，形成菌团后能被鱼类摄食，作饲料添加剂可提高饵料转化效率，增强鱼的抗病力。光合细菌的使用量为1.2%～3%。方法是先将光合细菌和水稀释，后均匀喷洒于配合饲料或鲜活饵料上，光合细菌本身含有丰富的维生素B_{12}、菌绿素、类胡萝卜素等，拌匀立即投喂。饲料在加工过程中不宜加入光合细菌，以免加工过程中的高温破坏菌体的有效成分或将它们杀死。

（5）光合细菌不仅在泥鳅、黄鳝、虾、蟹、四大家鱼等水产养殖中广泛应用，并且在种植业和环保方面也广泛使用，这里就不再作详细介绍。

彩图 1 台湾泥鳅

彩图 2 装袋待运的泥鳅苗

彩图 3 池塘养殖泥鳅

彩图 4 泥鳅苗工厂繁育车间

彩图 5 台湾泥鳅采食情景

彩图 6 台湾泥鳅与野生泥鳅的对比

彩图 7　真泥鳅

彩图 8　大鳞副泥鳅

彩图 9　泥鳅采食情景

彩图 10　雌鳅（上）和雄鳅（下）

彩图 11　泥鳅卵粒

彩图 12　池塘养泥鳅

彩图 13　养泥鳅土池

彩图 14　稻田套养泥鳅

彩图 15　莲藕塘养泥鳅

彩图 16　水泥池养鳅

彩图 17　网箱养泥鳅

彩图 18　修建繁殖孵化水泥池

彩图 19　简易产卵孵化池

彩图 20　挖掘机挖泥鳅池塘

彩图 21　新建泥鳅土池塘

彩图 22　用水泥硬化池塘埂

彩图 23　土工膜防渗池塘

彩图 24　池塘围网防逃

彩图 25　拉鱼线网防鸟害

彩图 26　繁殖池挂产卵网片

彩图 27　用注射器注射催产药

彩图 28　产鳅在池中自然产卵并孵化

彩图 29　泥鳅卵粒静水孵化

彩图 30　养殖者收集繁殖池泥鳅苗

彩图 31　池塘投放泥鳅苗

彩图 32　泥鳅苗采食浮性饲料

彩图 33　为泥鳅苗培育池塘充氧

彩图 34　拉网起捕泥鳅苗

彩图 35　给泥鳅投喂饲料

彩图 36　拉网起捕泥鳅

彩图 37　地笼起捕泥鳅

彩图 38　地笼捕捞泥鳅

彩图 39　起捕的泥鳅装箱准备运输

彩图 40　泥鳅出血病

彩图 41　泥鳅腐皮病

彩图 42　泥鳅烂鳃病

彩图43　泥鳅水霉病

彩图44　王华文的孵化环道

彩图45　王华文的泥鳅养殖池塘

彩图46　泥鳅寸苗

彩图47　室外塑料桶培育光合细菌

彩图48　室外塑料袋批量培育光合细菌